善待生命 善待自己

|生存智慧的一种解读|

Nice to Life and Nice to Yourself

沈明明/著

九州出版社
JIUZHOUPRESS

图书在版编目（CIP）数据

善待生命　善待自己/沈明明著．—北京：九州出版社，2007.9

ISBN 978－7－80195－581－4

Ⅰ．善…　Ⅱ．沈…　Ⅲ．人生哲学—通俗读物　Ⅳ．B821－49

中国版本图书馆 CIP 数据核字（2007）第 144563 号

善待生命　善待自己

作　　者　沈明明　著
责任编辑　姬登杰　　　责任校对　何　强
出版发行　九州出版社
地　　址　北京市西城区阜外大街甲 35 号（100037）
发行电话　（010）68992190/2/3/5/6
网　　址　www.jiuzhoupress.com
电子信箱　jiuzhou@jiuzhoupress.com
印　　刷　三河市华晨印务有限公司
开　　本　787×1092 毫米　　1/16　开
印　　张　12.25
字　　数　130 千
版　　次　2007 年 12 月第 1 版
印　　次　2007 年 12 月第 1 版　第 1 次印刷
书　　号　ISBN 978－7－80195－581－4/B·234
定　　价　22.50 元

前　　言

古往今来，人类通过自己的辛勤劳作，创造了灿烂的文明，然而，在关于文化和文明的理解和取舍上，不同时代的人们，同样存在着某种急功近利和实用主义的倾向。比如说，今天大学的哲学课堂里，沉闷、消极甚至于反感的气氛，已经让一些老师们感到了教室里立锥的艰辛，课表上，理论课时一压再压，校园里，理论课程教师的个头越来越矮；面对转型社会的种种急速变化，烦躁和不安的情绪如期而至，一些人端起了身板又操起了古董先生的那套老话，“世风日下”哟，“人心不古”哟，云云；许多大学哲学系门可罗雀、无人问津，只得纷纷改换门庭，标上模棱两可迎合时众的招牌，什么“公共管理”呀，“社会工作”呀，“行政领导学”呀，等等，令人眩目。其实，过分地指责人们的功利性的选择，是没有足够根据的，因为，文化和文明发展的过程本身就是这一选择的结果。选择，是历史发展的机制，古董先生们可以品头论足，但却不能阻止选择的发生和继续发生，就像不能强制计算机时代的财会人员继续选择使用算盘。包括哲学等等在内的理论之所以遭到了冷落，多半的原因并不在受众，而在“理论工作者”和“教育工作者”，教条化、庸俗化、政治化、“科学”化等等倾向不仅没有达到“政治理论教育”的目的，可悲的是，却顺便葬送了哲学等等理论的价值和魅力。

实际上，任何人，可能经由不同的方式，终归明了，生活需要两种“知识”：一是人们经常提到的“科学”知识，这类知识可以由学习或从经验中总结而来，它满足的是人们生活的直接需要，现行的学校教育主要是这类知识意义上的“传道授业”；另一种“知识”是人关于自己的认识和思考，其焦点是人“为什么活着”和“活着为什么”等等无法经验的问题，这些问题的解释和解决，没有科学意义上的验证或证明。事实上，这种“知识”也并不是一般意义上的“学习”和“教育”的成果，它依靠人们由内而外的觉醒或觉悟，它的“玄妙”在于，它无声无息却又纠缠不清，它似乎是生活里一个永远解不开的结。汉语里，将这类的心灵开悟称作“智慧”，从字面上看，它比“知识”多了太阳光辉的照射，多了心灵的主动性和能动性。古人相信，个人的智力是有限的，如果仅仅依靠个人的冥思苦想还远远不够，要真正自我认识，需要上苍的力量帮忙，尤其是普照大地的太阳光辉的指引，因为，就个人而言，自己无法真正知道，自己是从哪里来的，又要奔赴何方。社会生活中，人们有贫贱高低的区别，社会的主流价值观念提供了这一“区别”的标准，可是，在现实的生活感受中，这一区别标准并不是幸福和痛苦的分水岭，并不决定一个人生存意义的大小或价值的高低。

一个失眠的人晚上躺在床上，可能要想许多的事情，上半夜想的问题焦点是，明天如何去挣钱，而到了后半夜可能又想，一旦挣了很多的钱，真的会很幸福吗？上半夜的问题属于“科学领域”的问题，后半夜的呢，则类似“哲学”问题了。

中西方“哲学”流派纷呈，浩瀚如海。尽管由于多种原因各具特色，但是在一些基本问题上，却似乎不约而同地想到一块去了，特别是对人自身生活的思考方面，都主张人应当自由自觉地生活。而这种理想中的“自由”和“自觉”生活，来源于精神方面的自我“训练”，一个主要“训练”内容便是学会做到从容不迫，张弛适度，曲伸自如，自然而然，就像箭的击发，弓既要努力地拉开，又不能用力过度，否则弦会绷断，生活的“训练”，在于学会把握和保持必要的“张力”。因为，在纷繁复杂的众多生命形式中，人是唯一可以自我塑造自己的生命，人，是自己的作品。这本看起来头绪不清的“书”，围绕的大致就是这一主旨或中心。

显然，这本“书”，明显地缺少许多书应当拥有的要素，从形式上说，它缺少严密的结构和体系，从内容上看，它缺少明确的结论和鲜明的论点；它更多地类似于杂感，或者随想，或者说，它就是它们。

尽管如此，我依然期待，借助这么一本“书”的中介，我们一起来分享生活，分享智慧，一起努力地把哲学变成生活的语言，把生活变成自由自觉的艺术。尤其在喧闹浮躁、充满诱惑、急功近利的历史阶段，拥有一颗平静如水的心灵尽管困难，但是，却更显得了非同寻常的价值。多数人是以时间单位来计算一生的长短的，其实，从某种意义上来说，个体生命只是纯粹的偶然现象，时间可以用来“计算”，但与生命的实质没有内在的联系。作为个体的“我”，如何在风高浪险的种种激流里，拥有一弘清泉，一方净土，一丝甜蜜，一份幸福，一颗感恩的心，才是“我”的生存依托。我由衷地期待，后面的文字能在这方面对读者有某些帮助。

沈明明

2007 年 7 月 11 日于九江学院

目　录

1. 奉献是索取的另一种说法

如果真正掀开生活的盖头，人们可能大吃一惊：奉献就是另一种形式的索取，放弃本来就是收获，利他原来也是利己！

究竟利己还是利他才是人的本性，曾经是人类思想史长期争执不休的话题，双方各执一端，都可以列举无穷无尽的例证。两千多年前发生在儒家内部的那场论战就是一个缩影。

孟子试图区别人的两重属性，首先，他肯定了人要吃、要喝、要生存等等要求的合理性，不过他将这一切解释为人的动物本能；话锋一转，孟子又将人性认定为“良心”，这是一种摆脱了人的动物性的新的属性，是构成人的必备要件，如“礼让之心”、“恻隐之心”等等。

换句话说，在孟子的眼中，不是“索取”，而应当是“奉献”才是人性的基本倾向。为证明“恻隐之心”是人性的一个基本属性和与生俱来的本能，他举例说，年幼的孩子在水井边上玩耍，眼看着他马上要掉到水井里去，你会袖手旁观吗？不会，你的第一反应是冲上去，把孩子拽住。你的这一“反应”是本能，绝无功利要求，不是为了讨好、巴结孩子的父母，不是想到领取见义勇为的奖赏。“人之初，性本善……”在中国流传了两千多年，正是孟子思想的通俗化教育。人之“初”中的“初”，不是从年龄意义上说的，而是从人的“根本”意义上说的。

同样是儒家道统的传人，荀子关于人性的看法则大相径庭。他认为，人本性在于“索取”。从娘肚子掉下来起，人就以衣食住行等为第一要务。人的一生中，尽管需要会发生某些量的意义上的变化，但是，万变不离其宗，需要的实现、欲望的满足是永恒的主题，是人生活的动力和目标。人们所谓的战天斗地、挥汗如雨、“制天命以用之”的各种感人肺腑的恢弘场景，在荀子的眼中，不过是一群自私利己的生命为一己私利而忙碌奔波罢了！

在西方的思想史上，以利己主义为基本原则的“性恶论”，几乎毫无异议地占据上风，即便事实上存在着古代雅典哲学“性善论”的思想开端。伊壁鸠鲁、马基耶维里、霍布斯、叔本华、尼采等杰出人物，以无可战胜的姿态，携手牵起了这条思想主线。

在利己主义理论的视野里，即便是通常被人们看做具有奉献意味的“善举”，也不过是利己精神的一次巧妙伪装。

让我们也戴上这副眼镜看一看：一个青年人坐在公交车上，途中，上来了一位老人，他站了起来，给老人让座，旁边的人们投来赞许的眼光。然而，这位让座的青年真的做出了善举吗？分析一下看看，青年人的让座，对这位老人而言，是一个善举，但是，自己却失去了座位，不得已站着，于是对于他自己而言，则显然并不是善举。继续分析下去问题就更多了：这位老人坐上了本来属于青年人的座位，这位老人是否道德呢？再回过头来看，这位青年人此举就更糟糕了，居然将座位连同“不道德”的名誉一起让给了那位可怜的老人，这青年人的“善举”又从何谈起呢？

在经验生活中，利益分明，非此即彼，你死我活，奉献与索取，利己与利他，善与恶、得与失等等，呈现给人们的是一对对的悖论，没有终极一致的结论。

从量的角度看，利益有大有小，有缓有急，有远期有近期，有直接有间接。追逐利益只是个笼统的说法。

汉语是一种非常独特而有意思的语言。

由于它的模糊性、歧义性和经验性，同样的话可以引起截然不同的反应；而相反的话，也可以使人获得同样的感受。汉语内在所包含的意蕴要远远大于或异于它的语言表达本身。对某一句话的理解，如果人们仅停留于语言所传达的意思本身，那么，将有可能导致极大的误解。比如说，有人客气地对你说，“有空来我家玩，吃顿饭”；你可别当真，因为他压根不会去准备那顿饭的！“言不由衷”、“听锣听声、听话听音”、“字里行间”等等成语俗语都在提醒人们，要高度关注汉语的高度灵活性和艺术性。

任何语言都有一定的环境性，关注这一点是理解语言所要表达的一个关键。然而，对于汉语，则远不止于此，对话双方的观点、情感、阅历、经验等等看起来与表达没有直接联系的因素，却往往是“听懂”意思的关键。“听懂”汉语，百分之三十以下靠语言本身；百分之七十以上要靠对语言之外的种种因素的理解或琢磨。就像欣赏一幅绘画作品，如果你只看清了上面只是画着几只鸟，而没有理会画的意境，不能说你“看懂了”这幅画。

在汉语里，对相同的“意思”经常可以采取多种甚至是完全相反的表达；反之亦然。老师“批评”学生，也可以通过“表扬”的语言；下级巴结上级，也可以使用“批评”的语言。让对方在稀里糊涂中接受自己精心包裹起来的“意思”，是说者的基本目的。

应当说，汉语中对“奉献”和“索取”的表达，以及对它们的理解正是这一艺术语言的一个范例。不过，这与上述关于汉语的评论并没有直接的联系。

现代汉语的奉献与索取，放弃和收获也就是汉语所讲的“失”与“得”。其实，汉语除了它的艺术性之外，还有极为强烈的“辩证性”。在古代汉语里，“得”与“德”是意思相通并可以互换的通用字。老子所著《道德经》原名就是《道经》和《得经》。在历史长河中，是什么原因使这两个字由相通演变为相背，已经不得而知了。不过，令人深思的是，“得”与“德”之间的确存在着古人可能想到或没有想到的深刻辩证联系！

得，意味着得到、收获、索取；德，则意味着奉献、放弃、利他。如果真正掀开生活的盖头，人们可能大吃一惊：奉献就是另一种形式的索取，放弃本来就是收获，利他原来也是利己！“得”是“德”；“德”也是“得”！“祸福相依”，“吃亏是福”，“丢钱消灾”，等等这些经常挂在我们嘴边的话，原来是那样的值得玩味。

十八世纪，西方人开始进入机器时代，一场空前的工业革命以势如破竹的力量席卷欧洲。随着工业文明的崛起，对土地、能源、劳动力等等的需求成百倍、千倍地增加，与之相应，劳动生产率呈几何级数增加，人们世代相传的生活方式发生了根本的变化。一百多年后，沉浸于工业文明所带来的前所未有的享受中的人们，开始陆续从睡梦中警醒：新的文明，在短暂的时间内，在创造了巨大物质财富的同时，也加倍支付了能源、环境等自然代价，甚至还得不偿失地引发了战争、瘟疫、疾病、非自然的死亡、人性异化等等社会危机。

比如，汽车的发明是工业文明最杰出的成果之一，然而，据统计，由汽车交通事故而死亡的人数，超过了二十世纪两次世界大战死亡人数的总和。

新的文明，在短暂的时间内，在创造了巨大物质财富的同时，也加倍支付了能源、环境等自然代价，甚至还得不偿失地引发了战争、瘟疫、疾病、非自然的死亡、人性异化等等社会危机。

“人无远虑，必有近忧。”中国的这句俗话，似乎是一条原理，于己于人，于个人于社会，概莫能外。事实上，无论“远”、“近”，也无论“忧”、“虑”多少，围绕这一切的中心还是“利益”的问题。

索取也好，奉献也好，得也好，失也好，都因“利益”而起，针对“利益”而言。之所以有了得失等等的说法，是因为利益的大小、利益的认定以及对利益的评价。

分析起来，从量的角度看，利益有大有小，有缓有急，有远期有近期，有直接有间接。追逐利益只是个笼统的说法。人们通常认为自己的经验判断是正确的，利益大小能权衡得清楚。然而，在大量的生活实践中，这种过于自信的判断往往导致的却是“拣了芝麻丢了西瓜”，“为了一碗红豆汤出卖了长子权”，于是有了“追悔莫及”的无限嗟叹！

黑格尔当年曾借喻警视人们：等到猫头鹰起飞，时间已经到黄昏了！

生活中，下面的情形经常与人们不期而遇：因为财富，有了纷争；因为享受，牺牲了健康；因为一时的贪欲，失去了自由；因为安逸，错过了事业发展的良机；因为当下理智的失控，陷于终身的精神折磨；……汉语或别的语言中的“如果不是……那么……”，“假设当初……那么……”等等句式的频繁使用，原因就在这里。

什么是“利益”？回答这个问题，明显涉及主体的需要、评价和选择。在一些情形下，它是因人而异的。不言而喻，贫穷需要金钱，病人需要健康，险境需要安全，孤独需要归属。一般来说，决定个人利益的评价有三个关键因素：**一是个人当时的现实需要；二是个人的生活态度和价值信念；三是社会评价。**这三者相互依赖也相互影响，共同决定个人的利益追求。

个人的现实需要，往往决定于他的生活态度。要知道，陶渊明“不为五斗米折腰”决定弃官归田时，他比我们更需要那“五斗米”，因为除了吃饭，他还嗜酒。对个人的利益选择，社会评价也只有辅助或催化的作用。要不，为什么有那么多的人重复着说，走自己的路，让别人说去吧！

因此，在上述三个因素中，起决定作用的还是个人的生活态度。促使人的素质养成的原因，有先天的，有后天的；而人的生活态度的形成，则基本是后天的。后天的教育、环境、经历等等客观因素对个人的影响是重要的。不过，就像同样的环境能造就不同的人格，个人的主观因素也不能低估。而个人的主观因素则主要取决于他摆脱动物生存方式的觉醒程度。

一般来说，每个人都面临着三类基本相似的需要或利益：物质生活的需要、个人发展的需要、超越个体有限性的需要。

物质生活的需要谁都不能回避，不过有贪廉之别；个人发展的需要大家都有追求，不过有道盗之别；超越个体有限性的需要人人都有向往，不过有明暗之别。说穿了，**物质的欲望与精神的自由总是背道而驰的，人类历史的过去和现在都在证明这个反比关系，未来还会继续证明**。精神的富裕通常需要物质的付出；物质的贪婪必然牺牲精神的自由。

按照一分为二的方法，人可以区分为灵与肉、物质与精神两个基本元素，而活生生的血肉之躯，却是不能肢解的。于是，必须学会在灵与肉之间寻找到合情合理的结合点。显然，这是奉献和索取的悖论症结所在，也是破解这个疙瘩的关键。

造物主设计生命是巧妙的：为了肉体的生存，让你有饿的感觉；让你放弃过分的贪欲，又让你有饱的感觉。对于饥饱麻木的人，造物主则增加了一层保护措施，设计了自我觉悟的精神世界，让精神的饥饿感将人从对物欲的过分贪恋中唤醒，从而明晰一个基本法则：

善于放弃是真的收获；勇于奉献是另一种意义上的索取！

2. 善于妥协，是进攻的有效方式

为了胜利，真正的勇士，有时必须学会匍匐前进。

一个侵华战争的日本士兵，曾在自己的日记中写道：支那人没有被逼到走投无路时，从来没有想过要做主人。

抛开政治的因素，这句话的确说准了中国人个性的某些特征。

中华民族是世界上最古老的民族，有五千年的历史，一直子嗣兴旺，后继有人，文化传统代代传承。纵览全球，这是独一无二的。

中国人谦和有礼，文质彬彬，面容慈善，恭敬宽容，向来崇文不尚武。汉语里，“武”字的写法，意味深长，“武”字，左右结构，一边是“止”，一边是“戈”；放下武器，停止争斗，是“武”的全部含义。

爱好和平，犹如墨子称道的“非攻”、“兼爱”，是国人的基本性格。

孙子著《兵法》，按道理说，他应当是个好战分子，然而他却说，最大的胜利，是不战而屈人之兵。

在中国人眼睛里，战争是保卫和平的低级手段，而文化上、心理上的认同才是维护和平的高级手段。然而，这也不意味着中国人就不打仗，不会打仗；相反，中国历史就是一部战争史。今天的九百六十万平方公里的国土，哪里来的？应当说，每一平方公里上都浸染着鲜血，并且，不止一次。汉武帝时，打过多次大仗，侵略者被赶得远远的，连回头的勇气都丢了。李广、卫青、霍去病等等战将，为框定中国的版图，立下了不可磨灭的功勋。

不过，用生命和鲜血为我们换来生存空间的人，并没有获得应有的历史地位，绝大多数不仅遗尸他乡，甚至连个坟包都没有了。这与西方人崇敬那些航海冒险的“大盗”，形成了鲜明对照。因为，中国人不喜欢战争，不喜欢动武，不喜欢流血。“好铁不打钉，好男不当兵”。中国人喜欢耕读持家，耕读传家。毛笔，是中国人最伟大的发明之一，毛的柔软让你急性子喝不得热粥，必须沉住心情，遥感用劲，轻重适当，意在字先。中国人作文多短小精致，与毛笔使用的烦琐不无关系。说毛笔伟大，是因为它让中国人养成了迟缓、周密、细腻、含蓄的“毛笔性格”。尚文，是这一性格的逻辑延伸。孔子等知识人格所受到的历史待遇，自然是卫青们望尘莫及的。

中国人向来认为，“和”是“平”的基础，又是“平”的目标。和，不是同，而是多样性的统一；平，不是平均，也不是平等，而是心情和氛围的平静或平衡。

你比我高大，就让你高大吧！尽管心里有阵子难受，通过精神的自我调节，终于“平”衡和“平”静下来了。中国人的辩证逻辑异常发达，屈辱，有时候可以视为荣耀，胯下之辱，卧薪尝胆，能屈能伸，等等这些做人的道理，薪火传递。大丈夫，是指心容天下难容之事的人。这样一来，还有什么阶级仇、民族恨不能化解呢？八年抗战，中国人丢了三千五百万条人命，我们原谅了侵略者，甚至是在侵略者为自己的罪行作无罪的狡辩时。

因为，我们认为我们是君子，是文化人。

晚清时，中国皇帝在列强面前没有奈何。某日，英国代表要觐见皇帝，按照祖制，无论何人，见皇帝都要行三跪九叩之礼。英国人说，我们都是平等的，我们没有这样伤害尊严的“礼仪”，坚决不跪。一方要跪，一方不跪，怎么办？的确难为了外交大臣。毕竟是充满智慧的中国人，老臣想了一计。只见他对着皇帝的耳朵里嘀咕了几句，皇帝居然同意“免礼”，让那老外挺着身体来见他。事后，有人好奇地问这位老臣，究竟在皇帝耳朵里嘀咕了什么，让皇帝瞬时开通。老臣说，我告诉皇上，英吉利人也好，法兰西人也好，都是夷蛮，进化不完全，怎知我大清的礼仪呢，你总不能让猫狗之辈，在金銮殿上也尽文明人才会的礼数吧！

一场外交风波就这样被中国式的智慧化解了。

对于异端文化，开始时，中国文化也本能地拒绝。记得佛教进入中国后，初时进展缓慢，即使是文化开放的唐代，排佛的声音也是一浪高过一浪。柳宗元、韩愈等等以儒家为本，捶胸顿首，言辞凿凿，悲壮激烈。儒家说，父母在，不远游，游必有方；佛家却要我们离家出走。儒家说，不孝有三，无后为大；佛家却对着干，禁止人们结婚生子，这不是明摆着让中华民族断子绝孙嘛！

然而，中国文化中特有的胶合能力却可以融化一切对立。这种胶合力，非常类似于生命有机体的自愈能力。蚂蟥的身体断了，不要紧，没多久，它凭借天然的力量又能长出完整的身体。中国文化也有这种功能。中国文化就像一个巨大的加工厂，里面都是技术熟练工人，并且什么零配件都有，外来的、异端的、良莠难分的各式文化作为原材料送进去，加工出来的产品，还是改头换面的中国文化。

佛教被中国的黄老思想一加工，成了净饭王国人们再也读不懂的东西，所有的菩萨都入了中国国籍。禅定也好，诵念佛号也好，都成了土生土长地道的“中国制造”。

文化的自我更新、自我调节的能力是中国文化最大魅力之所在。这一能力的形成，是因为它表面上看，永远是以妥协和让步的姿态面世的。

想当年，蒙古人带着凛冽的寒风血刃中原，反客为主，住下就不走了。九十七年的占领，当然归咎于蒙古人的军事和武力。马刀和铁骑的淫威，让中原大地妥协。坐在金碧辉煌的皇宫里，大汗喝着马奶酒，思索着如何将这秀美江山永远地变成蒙古人的牧场，包括这里的人们，将像草原上的牛羊一样，成为蒙古人任意处置的对象。环顾皇宫，心里不免感叹：这可比绑在马背上的简陋的蒙古包舒适多了。回想着那风霜雪雨、颠沛流离、居无定所的血与火的岁月，心中升腾起一种从来没有过的巨大幸福感。大汗做过很多梦，进驻中原以后，梦想越来越多了，如今，该是一个又一个去实现它们的时候了……

不久，令大汗意外的是，军事上的胜利并不是最后的胜利。武力的恫吓只有暂时的意义。难看的汉字无法废除，那听不懂的儒学还得认真学，那烦琐的典章规范的确行之有效。终于，在精神和文化上，蒙古人只剩下唯一的选择，认同、学习并效法汉人的文化。

统治中国近三百年的满清人，具有同样的历史结局。

历史提供给我们一个基本定律：攻击性和侵略性极强的民族或政治势力都是玩火自焚，它们任何暂时的成功都无异于给自己敲响了丧钟。罗马人如此，蛮族如此，日本军国主义如此，现代的强权政治也会如此。

民族的自信，来自它的博大胸怀和兼容品质。许多时候，人的自信，来自他低调而成功的妥协。

孔子的成功，应当归功于他“述而不作”的人生态度。

遥想当年，孔子自费周游列国，风餐露宿，到处碰壁，甚至遭遇生命不测。这位看起来类似流浪汉的孔子，之所以成为空前绝后的圣人，是因为他特别善于妥协。对于他自己创造的理论，他不仅不署名，不争取知识产权保护，而且拱手送给了谁也没有见过的“周公”，宣称礼乐典制、仁者爱人等等，都是老学问，老祖制，老传统，老规矩。换个角度设想一下，假如当年的孔子逢人便说，大家请注意，前面我跟大家讲的都是我孔某人的新思维，是刚出炉的新观念，“换成别人，我还不告诉他呢！”如此这般，那么，最可能的是，最后一个听众也溜回家睡觉了。面对中国人强烈的历史崇拜心理，孔子只有妥协。他成功有效地利用了中国人的心理特征，从而也奠定了真理由他发布的优势地位。与今天的那些欺世盗名的“国学大师”们的粗陋包装相比，孔子伟大的谦逊的确值得借鉴。

箭能射得更远，是因为弓被拉到了更后。

善于求人的人，才是成功的人。让人由衷地接纳自己，的确是件不算容易的事。当年，面对儿子辈的蔺相如，廉大将军硬是负荆请罪，对此，千古传唱，不难费解。有时候，朋友之间，捐弃前嫌、相互谅解和相互妥协还容易做到，而对立的敌我之间，一般的胸襟就明显不够用了。就在三十多年前，周恩来总理伸出自己的手，握住了那双来自大洋彼岸结怨几十年“敌人”的双手，该需要付出多少的智慧和勇气啊。中国智慧告诉人们，失去一个朋友可能多出一个敌人，而改造一个敌人却一定是多一个甚至更多的朋友。如何才能化干戈为玉帛？需要成功的妥协。

妥协，并不属于人类自发的情感，而纯粹属于理智的范畴；由于妥协是生存的韬略之一，因此，即使“不乐意”，也经常地被人们认真地实践。从某种意义上说，动物以及所有的生命都存在着“妥协”，不过这一类型的“妥协”则要花费高昂的代价和漫长的时间。比如说，沙化缺水环境里的所有生命，都必须“妥协”为耐旱；严酷寒冷中的生命必须“妥协”为耐寒。当然，这需要付出无数生命的牺牲和漫漫征途的探险。于人之外的生命而言，即刻发生的险情，妥协，是没有作用的。比如说，面对一只饿狼，不幸的绵羊无路可逃，然后表情沮丧，哀声乞求，痛哭流泪，并决心认真检讨，下不为例……肯定统统没有作用。

阴柔示弱，是中国文化的最高智慧之一。这一智慧既源于对自然的理解，更发端于对人性的深刻洞察。在自然界，任何能称为强大的，都因为它存在着弱小的对方，如狼之于羊。然而，任何的强大，是有条件的，因此，又是脆弱的，好比说，虎落平川遭犬欺。因此，强大和弱小是因时因地随缘的。老虎也有饿肚子的日子，正像羔羊也有自己的狂欢节。对人而言，由于群居的必要，弱者天生就窃居了生存的优势位置。个人对群体的依赖，自然演绎出强弱联盟。因为，正是由于弱者的存在，强者才获得了相应的含义。人类优越感和安全感的萌生，应当归功于那宝贵的弱小生命的存在。同时，强弱地位之间那无规则的和不可预测的转化，犹如不可胜算的命运，更进一步地滋长着人们对弱者的自发同情。正因为此，弱者的媚眼与强者的自信构成了同一幅生活图画的两个侧面。

同一个鸟巢里，有若干雏鸟，叫得最多最响的，得到了最多的食物，因为，它将自己的饥饿程度和可怜状态表达得最鲜明和最到位。

示弱和妥协，之所以是智慧，不仅因为它是防御的工具，还因为它又是武器，可以用于进攻。儿童和妇女之所以善于啼哭，是因为他们经常不由自主地在男人或长者面前认真塑造自己弱者的形象。人们通常将哭泣看做是内心痛苦的外在表情；其实，眼泪，只是对象性的产物。换句话说，离开了哭诉的对象，眼泪是没有意义的。更多的时候，号啕大哭则十分类似剧情强烈震撼的表演艺术。于是，哭泣是一种成功的转嫁，通过眼泪和诉说，将痛苦不幸等等像玩丢手绢游戏似的丢到了对方的手上。更有甚者，中国历史传说，孟姜女哭倒了长城，听众自然不相信孟姜女拥有比沙尘暴还厉害的眼泪，可是，这一传说的确蕴涵了某些深刻的哲学思想：眼泪，有时是多么强大的进攻武器啊！

在基本的方面，发动攻击的原因，人与动物是类似的，都是出于食物、安全和异性的需要。对食物和交配权的争夺，对危险的反抗，都可能导致攻击的发生。不过，在一些特殊的领域，人类却具有更多的攻击的理由和攻击的手段。除了肉体的需要，许多精神性的需要同样甚至更为强烈地成为攻击的原因。比如说，因为名誉，因为尊严等等，人类之间也可以爆发激烈的战争。不仅如此，与动物纯粹肉体搏斗式的攻击行为相比，人类的攻击行为要丰富多彩得多，最为突出并有效的攻击力量来自人类特有的精神世界。中国古代兵法中列举的“三十六计”，无一不是人类精神的有效的进攻手段。其中，以退为进、以逸待劳、以守为攻等让步战术，之所以能成为人们津津乐道的智慧，是因为它们的有效性，获得了生活长期的实践证明。

妥协，当然，这一妥协是为了特定目标并锁定在一定的范围内的，有时是最恰当有效的进攻手段。

为了胜利，真正的勇士，有时必须学会匍匐前进。

3. 虚伪，是换了个角度的真实

在许多场合下，人们的表情并不是情感或情绪的产物，恰好是掩饰真实情感或情绪的手段。

有人说，虚伪，伪装，是人的动物本能的一种合乎逻辑的延伸；也有人说，虚伪，是一种恶，是非道德的行为特征之一；其实，仅仅作为一种生存手段而言，虚伪的言行与道德的善恶并没有本质的联系，因为，善恶评价取决于个人行为对他人或对公众利益的损益；因此，对虚伪进行评价的关键是，虚伪的理由和目的是什么，换句话说，人们为了什么而虚伪。

“老老实实做人，踏踏实实做事”被认为是为人处世的基本操守；然而，深究起来，这却是一个模棱两可而又是非不分的要求。

因为，如何做人，只是个手段和方法的问题，而做什么样的人，才是关键；如何做事也是个方法或手段的问题，而做什么样的事，才是关键。

一个人，可以“老实”地干坏事，比如说，像本·拉登那样；也可以“虚伪”地做好事，很多做好事不留姓名的就是如此。

然而，尽管如此，几乎所有的文明却都对“虚伪”持否定和批评的态度。这是一个非常有趣的文化现象，因为，历史证明，人类的虚伪程度，与文明的增长程度，是成正比例关系的，尽管对虚伪的指责也一路水涨船高。也就是说，人们在批评虚伪的同时，却不断制造更高更大的虚伪。

在汉语里，“伪”，是虚假的别名词；从字的结构看，是“人为”俩字结合在一起，意思是人的加工和作为的结果。也就是说，人的行为本身已经蕴涵了虚假的成分。当然，这里的“虚假”，含义是宽泛的，与今天常说的假酒、假药的“假”不能等同。伪的“假”，应当源于老子的哲学，因为老子主张自然无为，因此“有为”或“人为”便是违背自然和自找罪受；这里的“伪”，是画蛇添足、多此一举、自寻烦恼的意思。不过，在后来的历史中，虚伪的含义被日益狭义化，尤其儒家将人区分为君子和小人，君子坦荡荡，小人常戚戚，诚实或虚伪成为划分人等或品质的标准之一，虚伪也日益成为不受欢迎的丑恶言行。

不过，话又说回来，日常生活中，对于虚伪和真实的评价，人们并没有确凿的标准或尺度。在虚假与真实之间，指责经常是相互的，并且可以令旁观者眼花缭乱如置云雾。比如说，阿Q跟吴妈说，我想和你“睏觉”，比起一般的恋爱程序来说，如此的直率，明显少了许多的必要的环节，诸如献花、送礼物、网上QQ、帮吴妈她妈做家务等等，结果呢，自然是人们意料之中的，求爱不成，阿Q还挨了打。换个角度想想，如果阿Q精心打扮，面目真诚地说，吴妈，你是我见过的最美丽温柔贤惠的女人，我愿意为你奉献一切，甚至生命，为了你，我可以等上一万年，如果需要时间限度的话……如果这样的话，阿Q可能不仅没有挨打，很可能，真的，很可能吴妈脸一红，羞涩地说，“那……那你等着吧……”那么，阿Q有戏了！

是的，想跟吴妈“睏觉”的阿Q是真实的，但并不能因此指责向吴妈献殷勤的阿Q就是虚伪的。在真实的感性生活中，真诚和虚伪，其实是纠缠在一起无法理清的乱麻。女人爱上了一个男人，却对他说，“我好恨你”，她十分倾慕这个男人的聪明，却说，“你真傻!”如此真实的“虚伪”，可能让很多的男人女人们感受了生活的“真实”!

深究起来，虚伪，可以构成许多意思并不完全相同的词汇的反义词，如真实、真诚、诚信、自然等等。从哲学角度上说，真实和自然，具有明显的客观性质，而诚信或真诚，则属于个人主观的态度。与此关联的是，虚伪的含义因此具有明显的随机性，既可以解释为类似于故意欺骗性质的“不道德”言行，也可以理解为伪装事实的生存策略。事实上，虚伪本身就是一个悖论，因为，既然某种言行被人们指责为虚伪，那么，这一虚伪也就成为一种真实。正如古希腊的一则悖论所称：一个骗子说，“我在撒谎”，你来判断一下，这句话究竟是真话还是假话？是啊，如果话是真的，则他并不是骗子；如果话是假的，则完全自相矛盾。因此，人们无法判定这句话的真假。如果说上述悖论仅仅属于某种意义的语言游戏的话，那么，生活里的所谓真假则更是让人一头雾水。

言行不一的人，通常被指责为虚伪；然而，仔细想来，与言行一致相比，言行不一却是另一种意义上的真实，因为，虚假的语言依然是他真实需要或思想的迂回表达。比如说，一位下属对上级曲意奉承，说着言不由衷的话，旁人听着直起鸡皮疙瘩，但是与此同时，人们也顺便明白了这番虚情假意言论背后所隐藏的真意。有位哲人说得好，虚伪（假象）是真实的一个本质规定。虚伪，是曲折委婉表达真实的方式之一。正是归功于这一“委婉”，人们对虚伪的人增加了提防，设防的目的是透过假象看本质。

与此形成鲜明比照的是，“老实人”于是占了“便宜”，因为，表面的真诚经常地更加富有欺骗性，甚至是深不可测的巨大陷阱。

伪装，是虚伪的基本手段。就自然界来说，伪装，几乎是所有生命的基本生存手段。伪装，既可以用于弱者的防御，同样可以用于强者的进攻。在男人面前，女人是弱者，所以女人必须学会哭泣。人类文化对这一“自然”本能更是推波助澜，人们相互告诫，“男儿有泪不轻弹”，哭泣似乎天经地义地是女人的特权。哭泣，是女人自卫和攻击的最好武器，也是女性长寿于男性的秘密。眼泪，有着水的阴柔性质，却有着火一样的征服力量。

人类，拥有所有生命类型所不具有的最丰富、最复杂的面部表情。这并不是自然进化的结果，而是人类文化创造的结果。婴儿成长的历程可以看做是人类漫长文化历程的缩影。只是在出生数月后，婴儿才学会了笑，此后，他需要更长的时间学会各种“表情”，伴随这一过程的是，婴儿与他人逐渐增加的“交往”；如果失去了“交往”，他将不可能真正成长为人。在漫长的历史岁月中，人类的社会交往由简单而复杂，精神世界的丰富程度由此攀升，其突出的表现之一是，面部表情越来越丰富而复杂。

人们一般认为，表情是人们表达情绪或情感的基本方式；应当说，这仅仅是事实的表面。深入地看，在许多场合下，人们的表情并不是情感或情绪的产物，恰好是掩饰真实情感或情绪的手段。笑，并不一定代表愉快；哭，也不经常意味着痛苦。比如说，领导讲了个笑话，本来并不可笑，可是在场的被领导者们却努力地大声地笑着。由此来看，人类的表情既是社会交往的产物，又是社会交往的必要手段，它是由人类理智活动操控的社交“平台”。

当然，人们也在不断学会发现，在丰富多样、诡异多变的表情背后，隐藏着如何的真实心理。这可以被认作虚伪，但又是何等的真实！

说到“变脸”，甚至连植物都会。

结果的植物有一个基本的生长规律，果实未成熟时，颜色与植物本身的基本色彩是一致的；一旦成熟，则变成了与植物本身不同的鲜艳夺目的色彩。当然，这无疑是一个自然的过程；不过自然是出于什么原因来实现这一过程呢？由己推物，人们有理由推断，未成熟的果实之所以与植物本身颜色一致，是因为果核没有成熟，还不能完成传宗接代的任务，为了防止鸟儿等外在力量的啄食或摧害，同样的颜色有利于将自身隐藏起来。一旦成熟，它变得鲜艳夺目，为的是吸引鸟儿或其他动物去啄食、采摘和吞食，果核随着动物的排泄，而异地发芽生长，于是，新的生命在“别人”的帮助下又诞生了。顺便说一句，未成熟的果实之所以“难吃”，成熟的果实之所以“好吃”，同样是基于上述理由。

这里也有虚伪和伪装，但非常地自然和真实。

在生活中，人们经常指责有人虚伪狡诈，云云；其实这里丢失了一个关键性的前提，那就是，人们究竟是为了达到什么目的而“虚伪狡诈”。自古以来，正义与邪恶之间的斗勇斗智一直没有停止过，“道高一尺，魔高一丈”，精神力量的比拼，本来就是自然而然的。虚伪的唯一可以指责的理由是因为它可能服务于邪恶；而为了战胜邪恶，正义同样需要强大的包括“虚伪”在内的精神力量，以其人之道，还治其人之身。

孙子说，兵者，诡道也。兵不厌诈。战争是充斥硝烟、风云激荡的生活，战争如此，生活又何尝不是如此？

人们的确需要诚信，不过要看为了什么而诚信；生活的确需要真实，但是同样需要精神的力量来超越真实的感性痛苦。

艺术之所以创造美，是因为强大的精神创造力为人们塑造了一个崭新的“世界”；艺术的“伪”，却深刻再现了感性生活的“真”；地平线之所以被虚构，是因为它给了人们一个目标。

对“虚伪”的不分青红皂白的指责，犹如指望快马加鞭时，鞭子却抽到了牛身上；不过，人们对虚伪的普遍厌恶心理，倒着实暴露了人类心灵深处对永恒真实的渴望和追求；那是一种将“善”实现为“真”，从而收获“美”的过程。

这是一个痛苦的精神探险的历程。因为，在日常生活中，人们借以判断真假的标准，是人们的感性经验的尺度，人们通常说，“眼见为实”。可是，在人们追寻的“永恒世界”面前，这把尺度则完全失灵。

在文明源头上，无论是西方文化，还是东方文化，都不约而同地提出并思考着一个问题，我们眼中的万事万物如果是真的，那么，它们为什么变动不居、生灭无常、逝者如斯，是什么力量最终将一切安排就绪，并在“背后”控制操纵？

在中西方智者的眼中，人们把感性判断当做真实，是最大的愚蠢。智慧的第一次觉醒，是因为人们质疑感性生活的真实性；因为，感官提供给人们的是一幅千差万别的生灭无常的感性图景，而真正的真理却恰好相反，真理是唯一和永恒的另一种说法，是变化之中的“不变”（永恒），是多样之中的“共同”（唯一），如果此亦是非，彼亦是非，公也是理，婆也是理，那何来的真理可言。

柏拉图宣称，桌子之所以是桌子，是因为它“模仿”了桌子的理念，凳子之所以是凳子，是因为它模仿了凳子的理念；感性生活的桌子、凳子可以千姿百态、五花八门，然而，桌子、凳子的“理”却只有一个；不仅桌子、凳子如此，天下万物皆同理。

基于对最高真实追寻的渴望，也诞生了作为中国古代智慧结晶之一的《易》。表面上看，《易》在讲变化或变易；目的却正好相反，是在寻找“隐藏”在变化之中的不“易”或不变的真理。《易》的作者或作者们相信，通过对变化莫测的感性生活细致周密的“观察”或领悟，可以获得对世界变化的简明扼要的终极理解：无论事物变化如何的令人费解，最终依然不过是阴阳两种相互依存的对抗力量的外在表现或物化。

当人们沉浸于、忧伤或满足于、苦苦寻觅或嬉戏游乐于感性生活时，可能遭受着数不清的剧烈的情感体验，连轴般地经历着肉体和精神的磨砺，挣扎于生命激流的旋涡。

此时，一个悠远而平和的声音由远而近，犹如大海深处漂来一叶风帆，给予苦难生活以生机和希望。佛教哲学相信，如果你想寻找“真实”的话，你应当首先明了感性生活和感性世界（红尘）的虚假；你要追求生命永恒的话，你应当首先理解生命的短暂（一刹那）；你要收获真正的幸福的话，你应当首先领会到由感性目标指引的感性生活的苦难。

你说，眼见为实！不，不！就像今天不能重复昨天一样，所谓眼见的“实”，并没有固定的“样子”，它们或者“生长”着，或者“死亡”着；这是一个完全由偶然性支配的“过程”，而死亡，却是必然的结果；于是，眼见的“实”，实在是靠不住的，如果你以此为追求目标或生活依靠，结果将是竹篮打水一场空；万物皆有缘（condition，条件），缘的存在依然是缘，一切事物的存在都是有条件的存在，就像植物的存在需要阳光、水分、养料等等“缘”，而阳光、水分等等的存在，也需要条件，由此类推，无条件的存在物是没有的；万物的存在都有时间的限制，相对无尽的时间来说，其生存的时间约等于零；于是，与其将真实赋予感性事物，如名，如利，还真不如将真实解释为“空”；有了这样的理解和信念，生存便跳出了物质欲望的囹圄，精神也自然而然地自主而自由了。

原来，更大的虚伪，或者虚假，并不是来自人们生活的某些韬略或手段，不是普通意义上的伪装和欺骗；虚伪，是感性经验生活的伴生物，也是这一生活的本质。

人们应当清楚自身所陷入的两难处境：拒绝感性生活的虚伪不仅不能保证感性生活的“真实”，而且将引发更大程度上对虚拟的生活目标的依恋；对感性生活目标的执著追求，必然导致人们自觉不自觉地丧失真实的人生目标，从而更加固守虚拟的感性生活。

具体地说，一个人可能为了现实的感性目的，金钱、名利等等，而采用被人指责的虚伪方式；另一种情形是，一个人也可能因为固执于感性目的的真实，而完全沉沦于纯粹的瞬息万变的世俗生活。应当说，前者的虚伪，的确是一种感性的真实，就像一个体态臃肿的人试图通过服装的变化而加以掩饰，结果却获得了欲盖弥彰的真实效果；而后者的真实，则因为生活目标本身的虚伪，而得不偿失地支付了生命的代价，就像一个人非常努力将气球吹到最大，结果一定是破灭一样。

苏格拉底曾经发问：什么是善，什么是恶？

有人答曰：尽管我不知道什么是善，什么是恶，但我知道，欺骗、盗窃、抢劫等等行为是恶的。

苏格拉底又问：我们被敌人包围，我们欺骗敌人说，我们的援军已到；我们盗窃了敌人的情报；我们抢夺了敌人的武器；……难道这也是恶吗？

对方答曰：善行或恶行对敌人是无所谓的，只对朋友或亲人有效。

苏格拉底又问：你的朋友预备了自杀工具，你盗窃了它；你的朋友举刀自杀，你抢劫了他的刀；孩子生病不肯吃药，你欺骗他说，这药好吃……你难道是恶的吗？

对方语塞。

是的，包括欺骗或诚信在内，人们生存的手段本身不能取代生存的目的，它们本身并不具有最终意义上的善恶；人们行为的价值应当从结果或目标中寻找真实的判断。

任何的真理，不能因为发现它的手段的差异而失去了真实；任何的谬论，也不能因为它是真实的谎言而成为真实。

虚伪，是换了个角度的真实。

4. 你用明亮的眼睛看着世界，世界是明亮的

你用明亮的眼睛看着世界，世界是明亮的；你用美好的眼睛看着世界，世界是美好的；愉快而幸福的生活来自心灵愉快和幸福的暗示。

人们通常认为，身体是否健康，是一个纯粹的肉体问题；而心理是否健康，则是一个纯粹的精神问题。

这是一个误解，并且，这一误解在很早之前，就被中国智慧戳穿了。庄子已经知道“坐忘”这一纯粹的心理活动，对人身体健康的意义。这一基本理论后来被进一步演绎，成为气功修炼乃至佛教参禅的基本依据。气功，曾经被认定为一种神秘文化现象，二三十年前，还被当做“唯心主义”的理论来批判。可是，随着科学验证手段进一步提高，气功的独特功能也受到了广泛的关注和普遍的认同。

用现代汉语来说，修炼气功的过程，就是心理自我暗示的过程，这是一个不断排除“对象意识”，而专注于自我意识的心理调整过程。气功之所以给人们带来神秘感，则是由于这一纯粹的精神活动，居然能改变人的肉体状态。

在许多方面，中西方文化上存在着相同或相似的误区，比如说，它们都曾经认为，尽管灵魂需要以肉体为“住所”，却与肉体

没有本质的联系。笛卡儿断言，心灵不占有空间，却是自主而自由的，肉体占有空间，却是被动而惰性的。因此，在本质上，二者风马牛不相及。中国文化同样认为，肉体不过是与心灵毫无关系的“臭皮囊”。八仙之一的铁拐李，便是这一极端理论的缩影。据称，铁拐李曾经拥有非常清秀的外表，由于修炼，灵魂出窍，等到灵魂回来，已经找不到自己的肉身。因为此前，其家人看到他没了动静，以为他已经死亡，便将他埋了。眼看天要亮了，一旦天亮，如果魂未附体，灵魂便会烟消云散。情急之下，灵魂终于寻找到一具倒毙于路边乞丐的尸体，灵魂便在这里安了家。中国人熟悉的铁拐李的形象由此而来。

这一形象所包含的文化暗示是，灵魂不仅可以与肉体分离，而且在本质上与肉体无关。

由于主流文化的抵制，气功等文化现象犹如“孤魂野鬼”，一直悬挂于民间文化的边缘，与占卜、算命、打时、测字等三教九流为伍。之所以处境如此的狼狈，是因为气功的本质，暗含着另一个基本文化前提，那就是，肉体不仅与心灵有关，而且是由心灵控制的。气功的这一文化前提，与中国传统主流文化几乎是背道而驰的。尽管中国主流文化主张“修身养性”，可是，如果对此进行望文生义的理解，那就大错特错了。这里的“身”，并不是真指人的身体或肉体，仍然是指人的心灵。所谓的“修身”，并不是叫你去锻炼身体，而是要你从心灵上摈弃不必要的欲望和杂念，在精神上将自己塑造成君子；至于肉体或身体，那只能是贪婪和欲望的别名词，这也是肉欲之所以成为邪恶和丑陋的另一种说法的原因。

对于庄子，中国传统文化的评价是二元论的。他的语言文字具有极高的美学价值，得到了历史的认同；至于隐藏于其后的思想，则属于中国文化的另类。因为，庄子思想的核心在于，心灵的作用大于一切，它可以化解一切感性的对立，包括是非、大小、美丑、动静、真假甚至于生死。这一思想，与是非分明，要求规规矩矩做人的主流文化，自然是格格不入的。

庄子并不承认有什么与心灵无关的纯粹肉体，因此，也无所谓肉体的痛苦或快乐，高尚或邪恶；痛苦或者快乐也好，高尚或者邪恶也好，生存或者死亡也好，统统是属于心灵的事情。因此，你的心自由了，你也自由了；你的心高尚了，你也就高尚；你的心活着，你也就活着；你的心是美的，你也就是美的。

庄子的理论展示了心灵的无限魅力，也给人们提供了无限的自由精神空间。依照他的思想逻辑，心灵，也只有心灵，才是战胜一切苦难、虚伪、丑恶、疾病、死亡等等最强大的现实力量。

庄子深情地告诉大家，“堕肢体，黜聪明，离形去知，同于大通，此谓坐忘。”（《大宗师》）所谓的“坐忘”，就是让大家不拘泥于五官感受，肉体的苦乐，甚至不应当局限于个人当下的主观心理活动，而应当打破一己的心理围栏，让心灵平静如水，洁净如镜，将“自己”真正融会为“大通”，与自然整体融为一体，从而获得精神的解放和身心的自由。

庄子认为，自由，是健康心理的标准；而精神的自由，不是别人施舍给你的，也不是通过学习得来的。自由，通过“游心”和“坐忘”而来，具体的标准是，“至人无己，神人无功，圣人无名。”（《逍遥游》）换句话说，如果你辛辛苦苦，四处奔波，上下求索，为的是一己的“功”和“名”，那么，你的精神世界自然无法自由。因为，自由有两个基本的对立面，一是“有待”，二是“有己”。前者指你受到了外部环境的限制，后者则指你受到来自自身精神的内部束缚。内外夹击，你犹如风箱里的老鼠，哪来的自由可言。因此，将自己的心灵，从受物欲的牵引和专注于一己的私利这两方面解放出来，是精神健康、心理自由的基本前提。

有意思的是，后来中国化的佛教，以拿来主义的办法，将庄子的这一理论改头换面，变成了佛教的修炼方法，“有待”的修行变成了“随缘”；“有己”的修行变成了“无我”。这一近乎抄袭的方法之所以行之有效，为善男信女们普遍接纳，原因很简单，用它不仅修炼方便，而且这种以强调心理暗示为突出特征的方法，的确可以帮助人们收获心境的平静和身体的健康。

现代心理学流派纷呈，众说纷纭，莫衷一是，可有一个基本原则却是多数人的共识：人类的心理和生理是一个相互影响、相互作用和相互渗透的过程；既没有完全独立的心理过程，也没有完全独立的生理过程。建立在近代机械唯物主义理论基础上的传统心理学坚信，人的生理活动是人的心理活动的基础；而现代心理学则依据实验科学和现代人本主义哲学，强调人心理活动的巨大能动作用。如今，这一理论广泛运用于医学、精神病学、社会学、商业营销学、教育学等等领域，并取得了令人瞩目的成就。

记忆，被传统心理学解释为某种客观知觉的储存；现代心理学则让人们明白，所谓的记忆，并不是留声机似的“如实”记录，相反，它伴随着一个主体选择和心理再造的过程，换句话说，记下什么，遗忘什么，记下哪些具体内容，诸如此类的心理活动，并不一定是真实发生情况的客观再现，而是记忆主体选择和精神过滤的结果。并且，随着时间的推移和精神世界的改变，记忆还会随之改变。

乐观的人之所以乐观，并不是因为他没有烦心的事，是因为他总是记住了快乐的事，或者是因为他能将痛苦的记忆转变为快乐的；相反，忧郁的人，之所以忧郁，不是因为他总是出门便遇见倒霉事，而是因为他的记忆，习惯于夸大甚至再造事情的悲剧性。

同是一本《西厢记》，一般读者读到的是传统意味的中国爱情故事，林黛玉读到的却是满腹的忧伤和满脸的泪水。

弗洛伊德之所以认定精神病与患者的童年记忆有关，是因为他相信，人的记忆，尤其是早期记忆，是被人为改造加工过的；越早的，改造加工的程度越严重；某些不愉快的早期记忆如果被进行无限极端化的改造加工，超出健康心理的正常域限，部分人就会不幸地成为精神病患者。用通俗的语言说，精神病患者的绝大多数是不良心理暗示的结果。

不良的心理暗示也可以导致失眠。

失眠，是令人痛苦而又普遍流行的疾病。有统计说，真正由于器质改变的原因而失眠的人，在失眠总人数中所占的比例微乎其微，绝大多数的失眠，都属于精神疾病的范畴。让我们来看一个简单的实验，一般的失眠者，在认定自己服用了镇定药物之后，也能享受正常的睡眠；如果某次临睡前，断了药，他一定辗转反侧无法入睡；如果一个长期依赖药物而入睡的失眠者，确认自己已经服用安眠药，不过，他并不知道该药是已经预先被人用面粉之类的食物伪装好了而调了包的，那么结果会如何呢？实验证明，绝大多数的失眠者仍像往常一样，照样能够享受睡眠。

基于这一基本心理现象，一方面，人们的确有充分的理由，将那类习惯于夸大患者病情严重性的医生归类为“缺德”；另一方面，人们同样有充分的理由，将那类大惊小怪以药养生的人归类为心理“缺钙”。可悲的是，癌症患者中，究竟有多少人是死于疾病，另有多少人是死于“心理缺钙”或不良的心理暗示，没有人真正做过科学的统计；如果统计，后者的比例估计不低。很多死里逃生的癌症患者，总结自己战胜疾病的经验时，无不提及一点，藐视疾病的精神勇气和战胜病魔的心理暗示，起着所有医学手段所无法替代的作用。

让我们一起来做一个简单的游戏：双手合十，伸展手指，闭上双眼，摈弃他念，心中默念：我的右手中指在长长，再长，再长……心里感觉到中指的关节在咔吧咔吧地长着……三五钟后，你将两手作一比较，你会惊讶地发现，自己右手的中指居然真的比左手的长！当然，你也可以用同样的方法试试左手。

前段时间，电视广告里有句广告词，“好孩子是夸大的”，细心品味，觉得不无道理。孔子所主张的“有教无类”，本是属于教育平等的重要思想；如果放在这里，又获得了新的意义。时下的学校，将学生分类为优等生或差等生，已属司空见惯。尽管此举遭遇到社会各界的指责，可出于升学应试的眼前利益，这种做法又被社会默许甚至认同。学生，本应是教育的最大受益者，然而，不幸的是，一部分学生，尤其是被判决为“差等生”的，成了“教育”最大的牺牲品。因为，一旦被“判决”为差等生，“判决书”会迅速生效：学校的评价迅速变成了社会的评价，变成了家长的评价，最终也变成了学生的自我评价！这是一个恶性的循环：社会评说自己不行，自己也开始觉得自己不行；这一感觉，使自己丧失了勇气和耐心，从而真的不行；自己的不行又进一步加固和证实了社会评价，被加固的社会评价又进一步让自己觉得自己的确不行……“差”孩子就是这样“差”下去的。

许多青少年支付的悲剧代价，一次又一次地令人难受地证明：健康的心理暗示对一个人的健康成长是多么的重要啊！

现代企业和商业所生产和经营的商品，琳琅满目、五花八门，令消费者目不暇接、无所适从。新兴的营销学让商家明白，消费者的消费倾向和实际购买，并不完全取决于事实的需要，而更多地取决于市场引导和商家的营销理念。商家对消费者有效的心理暗示，可以激发消费者本来并不存在的消费欲望。多数太太小姐们都热衷于逛街，出门时并没有购物的计划，可回来时却经常是手提肩扛一大堆东西。事实上，许多的商品自打买回家后，根本没有派上用场，即便如此，下一次的逛街，太太们还是依然故我。这种类似成瘾的消费行为，从心理上说，原因在于女性更容易接受心理暗示。

“瞄准妇女儿童”，是许多商家自诩的成功营销奥秘。成功的营销战略，不是停留于消费者的事实需要，而是引导消费者自主开发“可能的”需要。多数的老年人并不需要“某某金”，但是，目不暇接的“年轻态，某某金”的广告词，以及蹦蹦跳跳、着装鲜艳的老年人的动感画面，犹如催眠师的咒语，让老年人有了新的自我发现：原来，我也可以和他们一样年轻而有活力，只要服用了“某某金”。

在中国文化史上，灵活而有效地运用心理暗示，是佛教中国化的一个重要前提。针对向佛和觉悟的修炼目标，中国式的佛教提供了一种新的手段；而这一新手段也是佛教能在中国大地上生存和发展的重要依靠。尽管佛教的中国化过程，曾经衍生出八大宗派，然而流传至今且广为信徒接受的，主要是莲教（净土宗）和禅宗，尤其是净土法门。发端于庐山东林寺的净土宗，与一位高僧的智慧联系在一起，这位高僧就是慧远。慧远以海纳百川的广博胸襟和对人性深刻的洞察，将烦琐而森严的佛教修行加以大胆的改革。经过筛选，他剔除了许多不必要的多余形式，将修行方法归结为一点：念诵佛号。在他看来，佛经念多念少不要紧，是否解悟不要紧，学问多少不论，地位高低不论，诚心向佛的，只要坚持一条，每天坚持重复地诵念佛号，可以大声，可以轻声，还可以无声默念。如果改成唱，也是可以的，“南无阿弥陀佛……”，一遍又一遍，唱起来优美舒展，心如止水，面目轻松。时间可能有长有短，坚持下去，你终归会诸根干净，脑明心亮，成就正果。据载，唐朝鉴真和尚，偶得此法，大为称颂，并传与日本僧众。至今，日本佛教宗派中，“东林教”依然香火旺盛。

慧远的智慧在于，重复的心理暗示不仅可以平和人的心境，而且具有再生人格的力量。

绝对的唯心主义，有时也能制造绝妙的理论。叔本华的哲学就是这样一个典范。叔本华将一切事物的存在原因归结为“求生存的意志”。他认为，人们通常看到的一切事物现象，实际是人们看不见的“求生存意志”的结果或外化。你瞧，树木长得多好啊！可是你知道它为什么如此的生长吗？树干不断伸向天空，树根不断扎向大地深处，树冠向四周舒展自己的身体……之所以这样，是因为它受到内在生存意志的力量驱使，它必须争夺阳光，水分，养料，空气。正是那看不见的“生存意志”，才将树塑造成人们看见的形象。

万物同理，包括人。在人身上，更为集中地表达了“生存意志”的力量。来看看你那张脸吧！你的眼睛如此明亮，其实，正是你“想看”的意志的物化；你的鼻子如此灵敏，正是“想嗅”意志的物化；你的嘴巴如此灵巧，正是“想吃”意志的物化；你的耳朵如此聪明，正是“想听”意志的物化……你的脸上写满了生存意志和生命欲望，甚至，你的整个肉体，它之所以完美，完全是因为生命意志力量的巨大。叔本华批评达尔文说，达尔文将物种的变化归结为环境的选择，只是看到了事情的表面。

因为，导致物种变化的最终原因，是生命意志内在的要求，每一生命形式，都必须通过自我调节而满足自己的生存需要。不是环境“要我”适应，而是“我要”适应环境。

如果将“生命意志”解释为一定意义上的“心理暗示”的话，那么，叔本华的理论的确具有不可多得的精神价值。这一理论暗含着一条重要的生命智慧。在生活实践中，每一个人展示给人们的独特“模样”，其实是自己精神要求的结果。换句话说，我如此的活着，应当归结为我心理自觉或不自觉选择的结果。

你用明亮的眼睛看着世界，世界是明亮的；你用美好的眼睛看着世界，世界是美好的；愉快而幸福的生活来自心灵愉快和幸福的暗示；与其费尽心机地苛求自己拥有一个尽善尽美的外部环境，不如将这一力量转化为内在的精神动力，让我们随时随地发自内心地感到生活的真善美。

黎明来临，从睁开眼睛的一刹那开始，新的一天的命运已经交付给了我们的心灵。双手合十，微闭两眼，如果没有更好的心灵乐章，让我们真诚地诵念几遍“南无阿弥陀佛……”

这与是否是佛教信徒没有任何的关系，就像惊讶时人们通常不由自主地喊出了“老天呀”、“上帝呀”一样，于他们的信仰没有任何的直接联系一样。

5. 战胜对手的捷径是首先战胜自己

正是与水的战斗，河床的巨石变得光滑圆润；正是与风的战斗，树木生长出坚韧的盘根；正是与猛兽的战斗，羊群学会了奔跑……

物种的变异和进化，是通过一个基本途径实现的，即物种的自我调整，也就是所谓的“自己战胜自己”。

无论是从时间来说，还是从空间来说，生活在两千多年前的希腊人赫拉克里特，对今天的人们来说都是陌生的。不过，一个如此的陌生人却给我们留下了许多耳熟能详的亲切话语，比如说，“太阳每天都是新的”，“人不能两次踏进同一条河流”，等等。不过，无论熟悉与否，他的另一个论断却直接影响了后来的西方人的精神世界甚至性格特征：

“战争是万物之父!”

这一基本命题试图告诉人们，世界是和谐的，它生生不息、井然有序、周而复始、相互依存。然而，和谐仅仅是这一世界的表面现象，至于其内在本质以及“和谐”赖以形成的原因，却正好是斗争和冲突。

自然界，万物形态各异，大小不同，甚至“没有两片完全相同的树叶”，有的行走在陆地，有的飞翔在天空，有的潜游于海洋，或动或静，有快有慢，可是，这一切的差异却不仅不妨碍它们之间的共生共荣，而且相互促进、相互作用、相互补充。这个世界，就像一个由许多小圆环彼此连接环环相扣而组成的一个巨大的圆圈，这一圆圈无懈可击，精美绝伦，仿佛是一位伟大造物主鬼斧神工般的完美作品。

然而，揭开这温情脉脉的面纱，可以目睹，无论是在大地还是海洋，这个世界的每一个角落，每一分钟里，都充满着厮杀、暴力和战斗。人们必须硬起心肠来听取自然的悲剧诉说：火，燃烧着森林；风，席卷着大地；狼，撕咬着羔羊；蛇，鲸吞着雏鸟；虎，高高跃起扑向牛群……血腥的或非血腥的，暴力的或非暴力的战斗从来没有停息，人类意义上哭诉的“悲剧”随时都在上演。

然而，正是与水的战斗，河床的巨石变得光滑圆润；正是与风的战斗，树木生长出坚韧的盘根；正是与猛兽的战斗，羊群学会了奔跑；正是与……于是，与其说造物主在制造无数的悲剧，不如说造物主为一切生命形式进行严格有效的训练并签发着产品合格证。每一个生命都必须严格地持证上岗，必须为自己的存在寻找合适的理由和独立的空间。

然而，所谓“独立的空间”却永远是一个虚拟的梦想，正像所谓的“合适的理由”终归会变成不合理。也就是说，任何现存的生命形态都不具有终极的意义，而永远是暂时的和过渡的。换句话说，如果有必要的话，鱼儿也可以生出翅膀，与鸟儿争夺天空，因为海洋干枯了。

中国古代智慧撇开了千差万别事物的具体形态，断言它们都是五种基本元素（金、木、水、火、土）相生相克的结果。细心品味，更是一幅战争与和谐的生动图画。“克”意味着“斗争”，而“生”呢，则蕴涵着“和谐”，自然本身正是相“克”相“生”的有机过程，或者说，是一个新陈代谢的过程。还可以说，新的诞生和成长的过程正是通过旧的死亡而实现的。不仅不同事物相互之间的取代是如此，而且，同一事物本身的命运也绝无例外。进化的过程恰好也是退化的过程。以人自身为例，人类的祖先拥有坚牙利爪和发达的消化系统，拥有强健的运动功能和御寒能力，与他们相比，现代人不得不羞愧万分地承认自己退化了。可是，就现代人所拥有的高度智慧和丰厚文化而言，毫无疑问，这又是人自身的空前历史跨越。

恩格斯形象地说，这个世界不是“事物”的集合体，而是“过程”的集合体。的确寓意深刻。“过程”，代表着流变和运动，是发展中的动态和谐。世界是如此，人类社会的基本关系也是如此。

儒家经典将人分为两类：君子和小人。区别两者的标准很多，其中之一就是，“君子和而不同，小人同而不和”。小人之间的合作关系是建立在利益基础上的，一旦出现利益上的分歧或对立，必然反目为仇；君子之间的关系是建立在共同志趣的友谊上的，尽管学问大小、年龄老少、财富多寡、职位高低等等可能不同，却并不妨碍他们之间的和谐关系。

尽管儒家的思想立足于抽象的人性理论，但是却从某个角度给人们展示了真实的社会关系。在现实社会生活中，人们之间的冲突和斗争根源于现实物质利益或精神利益，所谓名利之争。在这场旷日持久的战斗中，人类付出了无可估量的代价。流血、死亡、战争、屠杀成为历史的代名词，整个历史其实就是一部战争史。与之相应，古往今来，有难以计数的和平爱好者，试图通过采取适当的措施来阻止战争，实现人类自身的永久和平。

柏拉图接着说，消灭私有制，包括财产的私有和家庭的私有（后来被丑化为“共产共妻”），是社会和平的最好出路。

道家说，去伪存真，无为自治。

儒家说，克己复礼，天下归仁。

“社会契约”理论说，订立永久的和平协议。——早期资产阶级社会理论的幼稚程度，有时令人觉得难以置信。“契约”或“协议”本来是诚信和诚信履行的产物，然而在社会政治实践中，“契约”的制订不仅没有真正阻止违约的发生，有时甚至成为帮助违约的一种手段。当年苏联和纳粹德国之间的“和平协议”的历史结局，就是对这一天真愿望的最好注释。

……

弗洛伊德说，达尔文等人进化论的出现，给了人类自尊心一次严重的打击。因为，原来认为自己是上帝之子的人类，居然连父亲都搞错了，自己不过是那肮脏不堪的猴子的子孙，换句话说，至今居住在丛林中的灵长类的猴子猩猩们，与我们有着直接的亲缘关系，是我们的表兄表妹。

其实，问题还远不止于此，进化论带给人们更为沉痛的思考是，人类究竟是在进步，还是在退化？人类社会的现实关系是人的动物本能的延伸，还是人性的扭曲畸形的异变？人类社会的组织化程度不断加剧地提高，是自然的，还是非自然的？

社会达尔文主义给人们描述了一种非常不能令人乐观的情形：自然中，所有的物种必须遵照弱肉强食、物竞天择的原则，以求自身能适应不断变化的环境和生命链条不断调整而出现的新关系。

物种的变异和进化，是通过一个基本途径实现的，即物种的自我调整。也就是所谓的“自己战胜自己”。比如说，面对新出现的干旱环境，物种不是通过寻找新的水源而维持生存，而必须是具有“节约用水”的能力，具有更强大的抗旱能力。面对更凶猛的食肉物种的出现，食草动物必须加强训练，逃跑的速度必须有效提高，因为，这是它们能继续生存的唯一出路。是啊，如果在训练场上，我们的跑步运动员们成绩一直不理想的话，后面安排一只老虎追着，估计速度在短时间内会有大幅度的提高。

进化论过高地估计了环境的力量，而过低地估计了物种自身的调整功能。事实上，环境的改变并不是纯粹的“自然”过程，而首先应当是物种生命作用的结果。人们通常把环境看做是主动的，而物种的生存是被动的。其实，这里并不是一个单向的前因后果的过程，而至少是互为因果的。这一“因果关系”在人类身上得到了鲜活的证明。

作为一个新的物种，人类，其生命形式是空前多样的，因为，他具有所有物种所不具有的利用环境和改变环境的能力。

马克思说，动物只能按照自己所属的那个物种的“尺度”来进行“生产”，而人类除了按照自己所属的物种的“尺度”生产以外，还能按照所有的物种的“尺度”进行生产。这意味着，人类的创造能力具有无限的至上性。

可是，无限的创造能力在给人类提供巨大物质财富的同时，也是一把悬在自己头上的剑。

我们这里不重复地诉说那说不完的话题：人类对环境的破坏究竟到了一个什么样的阶段和程度。我们来看看在这场人“征服”自然的战斗中，人究竟占了多大的“便宜”。

毫无疑问，我们拥有了更多的财富；而这更多的财富不仅没有减少社会冲突，反倒成为更大社会矛盾的根源。

我们建立了许多的生命保障机制和设施；而面对现代化的战争和日新月异出现的瘟疫和疾病，它又是多么的软弱无力。

我们试图构建区别于自然血腥和弱肉强食的“正义”的社会秩序；可每一次的尝试都毫无例外地失败，因为，建立在平均主义基础上的社会公正，似乎是在结束一段不公平的历史，却必定是另一段不合理的社会关系的开端。平均主义的道德不过是弱者联合谋害强者所达成的一种肮脏的默契。

我们的各种社会价值观念都在鼓励人们之间“友爱”、“同情”、“助人为乐”、“己所不欲，勿施于人”，等等；而这一切温文尔雅、周到体贴的漂亮面纱，一次又一次地被强权政治、种族主义、民族主义和日益翻新的恐怖主义撕得粉碎。

……

由于人们日益在本能上抵触自然意义上的生存竞争，而憧憬着一种完全“人化的”、休闲娱乐的、养尊处优的、恬静和睦的生活方式，人们不得不支撑着由于过度营养而肥胖、过少运动而萎缩的肌体，不得不谨慎小心地龟缩于个人的由于过度的安全敏感而确认的安全领域，与相应减少的体力支出相补充的是，不得不将过多的精神活动，包括联想、猜疑、敌视、虚构甚至于陷害，用于自卫和进攻。

透视高度组织起来的社会关系，可以发现，自然竞争机制被严重异化。人们不再是通过自然意义上的公平竞争，而谋求生存和发展，而是通过精神征服和信念控制而支配、打击“对手”，换取生存利益和生存空间。同时，社会关系的高度组织，可以直接或间接地掩盖人与自然之间的现实矛盾，从而更进一步地放纵人对自然过度而疯狂的贪婪掠夺。

资源的、环境的、战争的危机被歌舞升平的假象所蒙蔽；贪欲、欺骗、利己主义被鼓励。

让我们再一次审视自己走过的路，再次品味“战争是万物之父”。或许，正是因为我们没有遵循自然本身的“战争”法则，不是通过主动地改变自己去遵循自然的秩序，而是空洞地高喊“人是万物的灵长”，不是首先自己打败自己，让更新的、更能适应环境的自我再生，而是骄奢淫逸地放纵自己的欲望，或许，在不远的一天，我们会输给弱小的对手。

要知道，人类的表兄表妹们正透过丛林的缝隙看着人们，琢磨着人们，甚至在幸灾乐祸地等着人们走下历史的舞台！

6. 弯腰的次数多，抬头的机会也多

成功的人之所以成功，是因为他一生只专注做一件事；失败的人之所以失败，是因为他总在尝试着做许多的事。

幸福的生活只赏赐给那些永远不放弃责任的人。弯腰，这一背负的举动，还是勇敢承担责任的真实写照。

弯着腰的人，一旦直立，便是一次精彩的抬头亮相。

有人统计，日本人每天平均弯腰鞠躬在一百次以上。

又有人说，二十世纪日本经济两次奇迹般的腾飞，与日本人善于哈腰做人有直接关系。在身材高大的欧美人面前，原本就矮小的日本人一个75度以上的鞠躬，低到几乎让人家找不到了。然而，正像丰田汽车的广告所说的，“有路就有丰田车”，在欧美，这群不起眼的矮个子制造的商品，几乎充斥了他们生活空间的每一个角落。

我们进入学校，最先受到的爱国主义教育的大致内容是，我国地大物博，幅员辽阔，资源丰富，人口众多，有五千年的文明史。据说日本的儿童少年进入学校，也要接受爱国主义教育，不过内容正好相反，大致意思是，我们日本是海岛国家，国土狭小，土地贫瘠，资源匮乏，我们的生存来之不易，一切只能依靠我们

自己的双手……

迄今，日本人依然保留盘腿席地而坐，跪姿为客人服务，见面相互屈身鞠躬等等礼数，这些礼仪都曾经是效仿中国的；这些被现代中国人当做繁文缛节而省略的礼仪，日本人却当做文化精髓沿用至今，实属不易。

强烈的危机感，是日本国民的基本心理特征之一，正如强烈的自豪感是中国人的基本心理特征一样。危机感唤醒的是责任，自豪感则常常引发自卑。

自豪感固然重要，然而，盲目的自豪也是害人的，人无远虑，必有近忧，因为，一旦遭遇强大的异己力量，经常是猝不及防，甚至溃不成军。今天，媒体里不断出现的启动什么“应急机制”之类的话，是过去多数人比较陌生的。

事实上，任何的“危机”，即使是灭顶之灾，都有一个量的积累过程。中国古训告诫大家说，应当防微杜渐，居安思危。道理和思路是清楚的，然而，践行起来多数时候可能大打折扣。历史一再告诉人们，每一次的社会危机的爆发，并不是没有提前打招呼，实际上早已露出端倪，频发警告，只是天下兴亡，人人免责，事不关己，高高挂起，天塌下来有个高的撑着。

说秦始皇没有危机感，那可能有失历史的公允，因为他不惜巨资耗尽国力，为的是建筑万里长城。长城，当然是弱者自卫心理和危机感的最好物化，也是始皇帝江山永固理想的深情见证。他自以为是地认为，高压政治和严酷刑罚可以有效保证专制统治的固若金汤，这一巨大的安全感受，让他根本没有把长城之内的黎民百姓放在眼里。死了的始皇帝如果醒过来，绝对不会相信自己的王朝如此的短命，更难相信的是，它居然夭折于他根本没有担心过的庶民“草寇”、江湖混混儿的手上。

强烈的历史优越感，是我们民族的自信，也是我们民族遭受屈辱的原因之一。康熙也好，乾隆也好，都应当算得上勤政务实、大有作为的皇帝，看着国家政通人和，经济兴旺发达，民族凝聚力不断增强，心里的喜悦可想而知。正是由于如此看上去的太平盛世，让这爷孙俩重复了历史的一条老定律：危机，总是趁着无人警惕时来敲门的！他们无法理解近代西方的科学技术意味着什么，无法理解工业革命将会带来什么，那是一场强烈地震，尽管种种异常的迹象也让他们感到了地震的余波。然而，更为强烈的帝国自信，却让他们一再失去了与世界对接的机会。他们不约而同地相信，任你风云变幻，我亦泰然自若，你玩你的机巧，我过我的日子，你耐我若何？为了阻止漂洋过海的那令人捉摸不定的寒风，出于秦始皇建设长城相似的初衷，这爷孙俩则干脆把大门给严严实实地关了起来。就像长城成为中国大地上最好的装饰品一样，大门还是被人重重地踹开了。康熙死了，乾隆也死了；几十年之后，爱新觉罗的子孙们搂着“祖制”、“国粹”开始了一轮又一轮地伤心哭泣，不知所措眼睁睁地看着江山易帜，人心不古，逝者如斯……

如果说弯腰的话，有时的弯腰是因为抬不起头。

不知是何年何月，西方人弯腰把中国的宝贝俯首捡走了，包括火药、罗盘、八卦等等。在中国人将火药精心包装起来，编制在一起，通过听取其连续炸响的声音而自娱自乐的同时，西方人开始将其研制为枪炮；当中国人端起罗盘测算风水，决定自己死后在何处下葬时，西方的强盗们开始使用它来航海；当我们痴迷于阴阳八卦琢磨其中的生命预示时，莱布尼兹却通过它悟出了二进制，利用它，制造出了世界上第一台手摇计算机……

更加令人费解的是，这些被人弯腰捡去的东西，若干年后，又被人抬着头很不友好地送回来了。

与社会变迁的规则相比，冥冥之中，人的命运似乎也遵循一样的法则。命运总是让那些不会弯腰低头的人学会低头。

二十世纪，纳粹政权如此，日本军国主义也如此。当然，它们都是反面的历史教材。

遥想当年，少年时代的白居易，陪伴着皇子读书，写得一手好文章，“野火烧不尽，春风吹又生”，这饱含智慧的名句，至今还被人们广为传诵。当年的他，人才英俊，前程无量。可是，正如民谚所说，少年得志实属人生的一大不幸。声名鹊起，容易傲才，青少年更加如此。备受宠幸的白居易也难得例外。由于不懂官场规则，在皇帝面前屡屡代人传话进言，本来是帮人说话，结果得罪四方。一怒之下，皇帝把他贬到了荒蛮的江州。哭了一路，也想了一路。在江州，开始学习弯腰做人，认真做事，“常恨春归无觅处，不知转入此中来”，心灵得到了净化，失去的春天转了个圈，又回来了！不到三年，一个虚心向上、张弛有度、务实勤政的白居易终于出现在杭州刺史的位置上。

弯腰，形状上犹如满弓，蓄势待发，是人躬身实践的基本姿态。孔子说，君子敏于行，而讷于言，的确包含着深刻的人生道理。真正的成功，都不是由于口才的如何雄辩而获得的，靠的是埋头苦干和专心践行。

同样是中国人，同样是做服装，香港的服装以其超群的品质成为服装行业的霸主；而内地的一些服装企业，生产的服装初看起来似乎跟人家的差不多，可是，往身上一穿，破绽就出来了，口袋一捅便穿了，纽扣一碰就掉了。这样的产品，价格再便宜，也难以占领市场。问题出在哪里？难道我们真的连纽扣都钉不牢，连口袋都缝不好吗？显然不是。问题在于我们以什么精神状态去做事和做人。

在生活实践中，弯腰，更重要的是代表着真诚合作和善于合作的团队精神。黄牛、水车、铁犁的农耕社会开始离我们远去。看着历史流逝的背影，一种由内而外的沧桑感的确不期而至。与此同时，历史和现实都传递给人们一个重要信息，人们任何情绪化的感叹、忧伤、责备和哀怨都无法改变历史的方向，人格的转换，以新的精神姿态去顺应历史的选择，成为社会现代化的必要条件。与任何一个历史时期相比，现代社会人与人之间的合作显得更为重要。自由的时间，松散的节奏，闭塞的环境，原始的交通，落后的通讯，等等构成了传统生活的基本面貌，这一切，将人们塑造成一张羞怯的脸庞，一对警惕的目光，一个封闭的心灵，一双不习惯在人前伸出的双手和一种离群索居的情愫。一旦置身于现代社会，无名的忧郁和紧张，无端的猜忌和提防，万江汇流般地涌上心头。平衡被打破了，过去的那些曾经被平均主义覆盖或粉饰的欲望和贪念，鲜明地彰显出来。就像挤上了同一辆公交车，人们被迫汗流浃背地相互挨着，相互听着对方的心跳，彼此用眼角打量对方，试图穿透那张表情冷漠的脸，看懂对方的心思。除了对已知的危险产生恐惧，陌生和未知，是人们恐惧和紧张的第二种原因；然而，无论对于现代社会还是对人自身来说，这都是一个必经的历史阶段。

这是一个类似阵痛的过程，因为它是人的新生和蜕变。对“集体”或“团队”的认同，是高度组织的社会的本质要求，也是个人生存和发展利益得以保障的基本前提。研究表明，现代社会中，日本经济的迅速崛起和快速发展，与日本人长期以来，将个人利益服从于集体利益的“共苦”意识有着千丝万缕的联系。共同的危机感是弱小力量无条件合作的最大动力。这与家庭生活的原理相似。在残酷的生存竞争中，日本人学会了忍让、服从、克制、准确、认真、敬业和重视他人。他们将家庭生活的基本准则移植到社会生活，他们学会了将集体成员之间的合作当成个人活动的平台，将团队的公共利益当做个人的最高利益。正像他们的家庭具有高度的稳定性一样，日本人工作的稳定性和连续性在全球首屈一指。令人惊讶的是，一般来说，日本人打从参加工作开始，只有极少数人“移情别恋”，变换工作，其余的绝大多数人几乎都是从一而终。

成功的人之所以成功，是因为他一生只专注做一件事；失败的人之所以失败，是因为他总在尝试着做许多的事。

合作既是分工的结果，又是分工的前提；专心致志于一件事，既是现代社会对个人分工的要求，也是对社会成员之间合作的要求。

古代希腊思想家柏拉图意味深长地说，社会和国家的正义，取决于每一个人是否真正承担着相对而言的道德责任，比如说，君主是否智慧，卫士是否勇敢，劳动者是否节制。而社会和国家的混乱，则是人们的“越位”和放任的结果。这里，奴隶制度的等级思想当然应当批判，柏拉图自然无法超越他所处的历史限制，谁也无法拎着自己的耳朵离开地球，可是，如果将人的等级关系换算为社会分工，那么，上述说法也不是一无是处。站在现代社会的角度来说，尽管“平等”已经成为人们挂在嘴边的口头禅，但是，这不仅不意味着社会放弃了对个人价值的甄别和不“平等”的评价，相反，因为社会信息的高度透明，个人的现实价值面临着更加悬殊而清晰的评判。在分工细致的社会里，每一个人的生存定位和对生活矢志不渝的忠贞程度，将直接决定他的生命意义和社会评价。

无论是对社会还是对个人，衡量成功的客观尺度，最终可以归结为合作的程度和效率。

幸福的生活只赏赐给那些永远不放弃责任的人。弯腰，这一背负的举动，还是勇敢承担责任的真实写照。生活并没有既定不变的道路，“道路”的真实意思是指，你迈步选择的方向和轨迹。正如萨特所说，人是拥有绝对自由的生命。因为，在任何人面前，永远面对着不只是唯一的选择。然而，现实生活中，人们却经常借口客观因素的制约而逃避自由。可是，自由，却是无法真正逃避的；人们惧怕自由选择的唯一理由是因为惧怕责任。比如说，你有犯罪的自由，你之所以没有选择犯罪，是因为你不愿意承担犯罪而导致的责任。对于预见的种种可能的责任，弱者选择的原则显然是，择其轻而避其重。

对于生活，我们经常能够听到各种抱怨，这些牢骚满腹、怨气冲天的人尽管生活的境遇千差万别，却有一个共同的特点，这就是将自己的责任推得一干二净。

二战结束后，国际法庭开始了对战犯的审判，法官们遇到的最为棘手的问题是，每个战犯都为自己作无罪辩护，将自己的种种罪恶行径都归罪于“元首”，申辩说，军人以服从为天职，自己不过是这场战争的替罪羊或牺牲品。还是这位萨特，他的声音让他们失去了狡辩的力量。萨特说，每个人都是自由的，即使是在战场上，你依然面临着多种可能的选择，你可以选择拿起枪，也可以选择放下枪；你可以选择向无辜的人群开枪，也可以选择向自己开枪……总之，对任何客观理由的强调，并不能改变个人选择的自由地位；与此同时，任何的选择，也必然意味着个人对某种客观后果和责任，做出了自由的选择。罪或非罪，都是个人自由选择的结果。

对自由和责任的强调，既是哲学智慧对作为主体的人的地位的确认，更是对人的行为选择的高屋建瓴的反思。事实上，无论是人还是其他的生命形式，自然法则几乎毫不留情地具有同样的作用：任何生命，对自身活动可能导致的结果，都必须做出有效而客观的判断，因为，这是生命自我保护和自我发展的基本手段之一。令人羡慕的是，自然的生命形式，不知出于什么原因，它们对可能发生的“危机”通常具有比人类更为强烈的感性预知能力。

应当说，造物主并没有厚此薄彼。就像造物主赋予了动植物们超乎寻常的感性能力，人类也额外地获得了感性经验之外的理智判断能力。不过，生活实践中，对这一天赋能力的实际运用却因人而异、大相径庭。有人因此而春风得意，有人则不幸中箭落马。或许，这种悲喜不一的结局，正符合造物主胸有成竹的预期，是“自然”优胜劣汰选择机制的成功运用。

于是，对个人也好，对一个国家或民族也好，客观的危机预期或责任感，是避免真正危机发生的一道有效防线和“应急机制”。

如果认真观察，你会发现，绝大多数的动物并不会直立行走，因为弯腰爬行安全稳当；对人而言，学会弯腰，具有同样的社会意义；不过，由于习惯于直立，弯腰是一个费力的动作，所以人们才需要练习；弯腰低视，可以看清眼前，抬头远看，可以眺望未来，而“未来”如何却取决于如何地面对“眼前”；说你瘦了，是因为你过去比较胖；说你高了，是因为你过去比较矮；说你出人头地，是因为你过去总是弯腰做事。

弯着腰的人，一旦直立，便是一次精彩的抬头亮相。

7. 最大的成功源于多次的失败

人们经常把失败视为生活的逆境。面对同样的处境，有人沉沦沮丧悲观消极了下去，有人却抓住了这千载难逢的好机遇，奋身崛起。

人生是一串由数不清的烦恼组成的佛珠，成功的人是含着微笑将它数完的！

春天来了，绿茵茵的嫩芽从坚硬寒冷的岩石缝隙里钻了出来。

海水积蓄着巨大的力量，一次又一次用自己的身体洗刷着泥沙，有力地将它推向岸边。微风吹拂，一颗相思树的种子轻轻落下，舒适地躺在泥沙的怀抱，一种未有的温暖流变全部身心，树籽松开了坚硬的外壳，像一双充满柔爱的手将嫩绿的生命捧在自己的胸怀，迟迟不肯撒手……

自然，周而复始地创造着新的生命。无论是科学家，还是哲学家，或是艺术家，在观察、品味和领悟生命奇迹时，精神必然遭遇强烈震撼：一幕一幕的生命，原来都毫无例外地遵循着同样的秩序，服从同样的目的！打破不同的生命形态之间的界限，会发现，生命具有共同法则：只能成功，不能失败；任何一次的生命成功都需要难以计数的失败为代价。

青蛙妈妈将难以计数的卵，产在池塘边零散的沼泽里，很快，卵变成了黑压压成片的蝌蚪群。随着它们身体的长大，水域的空间明显狭小，养分、阳光、空气的短缺，日益加剧。走出去，成为所有蝌蚪的梦想。有那么几天，雨停了，炽热的阳光吞噬着大地和空气的水分，沼泽开始变成干枯的陆地，成片的蝌蚪静静地死去，少数，甚至是不成比例的少数“幸运”的蝌蚪，在生死攸关的较量中，及时也几乎是奇迹般地长出了结实有力的四肢，踏着同伴的未寒尸骸，走出了那生养它们的死亡陷阱，当然，毫无疑义的是，未来的生存依然会面临着日益严峻的挑战：因为，任何的一次失败，都是现实的死亡。

生命依靠接力来完成，是无数失败构成的链条；所谓的成功仅仅意味着能幸运地踏过由失败构结的链条！

在人类的语言中，成功与失败是一对意思相对的反义词。误解由此而来，多数情形下，人们将成功和失败作了相互对立的理解和解释：败是不成；成是不败。就像体育比赛，金牌只有一枚，冠军只有一个，成功只属于冠军；与之相比，其余的，都算不上成功。

语言是思维的工具，也是传达思想的手段。但是，生活实践中，语言的精准反倒模糊了真实的思想；而语言的模糊却经常激发人们对真实的思考。比如说，佛教师徒之间的相互交流，经常采用的是“偈语”，就是不好好说话，类似于猜灯谜，慧根通达的弟子可能报以一笑，算是领悟了。师徒会心相对，沉默不语。自然，少了许多的因为语言本身带来的麻烦和纠缠。

是的，在很多的时候和情景下，沉默所包含的思想，远远丰富于语言表达。

发达的语言，改变了人类的生活，表面上看，好像是使人们之间越走越近，其实不然，它也越来越模糊人们对真实，包括人自身的真实了解。

诸子百家中，最会编故事讲故事的该算庄子，他拥有超人的语言天赋。可是，就是这样一位天才，却警告人们，有话别乱说，应当“得意而忘言”。的确，语言是表达思想的工具，但是必须牢记，它也仅仅是工具，不能丝毫地滥用，不能过高地估计它的作用，就像是敲门砖，用它把门敲开了，就可以随手扔了，不必带回家里。语言也是如此，它是我们领会意思（得意）所要借助的手段，但千万别拘泥于表达本身（忘言），“言”和“意”可能沟通，也可能相左甚至对立。

生活中，被人们指责为“不会说话的”人之所以不会说话，不是因为他不说话，恰好相反，是因为他说了话，并且还可能说多了话；与之相对，“听不懂话的”人之所以听不懂，是因为他的确认真听了，遗憾的是，他只停留于对方的语言表达本身！

对于上述的关于语言的评论，不能算作与本篇主题无关的多余的话，因为，在我们的思维和语言里，“成功”和“失败”已经被严重地概念化，被僵死的文字肢解得面目全非，继续用语言来还原它们的本来面貌，必须明确一个前提，这就是，别拘泥于语言和文字本身。

其实，对于真实具体的个人而言，——如果不能面对真实感性的“个人”，那么，一切文化或文明，一切知识或智慧，一切意义或价值，都是没有意义的——成功、失败的意思可以做无限的解释。

读书的人把上好的大学，看做是成功；沿街乞讨的乞丐因为意外地得到一碗红烧肉，自然庆幸自己的成功；科长因为提拔升了处长，当然还是成功；我努力地写这本书，某天得到读者的认同，我也觉着成功……

大致上说，成功或失败可以归结为下面几种情形：

一是意外的收获，天上“成功”地掉下馅饼，张嘴可吃、唾手可得的成功。

一般来说，对这类的成功，指望的人不多，因为，统计学的数字告诉人们，这类成功发生的几率太少，约等于零。但是，这也并不排除少数人继续痴迷并热衷于它，因为，大海里成功捞针的事也是有的，捡到撞上树死了的兔子也是有的。不过，如果你是偶然在死过兔子的树下转悠一番是可以的，可以不怎么费事地看看有无意外之财；如果你因此而十分敬业地在树下上班，并且，生姜大蒜等等烹饪调料早已预备在旁边，肚子里饥肠辘辘地等着，那么，较大的可能是兔子已经改道，去撞另一棵树了。

这里，丝毫没有讥笑热衷购买彩票的“彩民”们的意思，因为，他们的确为国家的福利事业作出了多少不一的贡献；不过，买卖彩票的运行机制却着实令人深思：它多么成功而有效地利用了守株待兔的原理啊！每个彩民口头都说，买来玩玩，碰碰运气；心里头却在暗下工夫，潜心研究，以百分之百的期待迎接百万分之一的机会。

人生里，自杀有两种基本形式，一是借助某种外界力量直接结束自己的生命；另一种是学会并习惯于等待！

对于意外的成功，精神的满足程度可能很大，因为，它看起来几乎是没有代价的收获。相对而言，即使没有这类的成功，一般来说，人们也不把它看成失败。可是，当我们为等待时机而支出了时间和精力时，当灰飞烟灭、生命耗尽时，觉悟的人可能如梦初醒：这样的成功的确不是没有代价的！

第二类的成功是超值的成功，付出很少，收获很大，两者比差很大。

前些年，广泛流传于社会的传销，利用的正是对这类成功的渴望心理。讲师反复对你说，你不需要太大的投资，但是你可以短时间内得到高额的财富回报，到了后来，你可以坐享其成，大量的钞票自动印刷，自动入库，唯一让你支付体力的地方是，点钱有些累。

急于求成，也属于这一成功类型。拔苗助长的故事，凡中国的读书人都听说过。由于故事情节过于通俗浅显，且主人公的行为过于简单幼稚，于是，听完之后，相似的反应都是付之一笑。如果当年的这个故事的作者认真地阅览了后人的真实生活，他极有可能重新捉笔，再续下篇：

李自成打天下，苦战了那么些年，眼看大业将成，忍不住了，封王封官，迫不及待地登基称帝……不幸，中了拔苗助长的预言，是非成败转头空。

上个世纪的“林副统帅”都已经法定为主席的接班人了，可还是沉不住气，尤其是看着被接班的毛主席依然红光满面、神采奕奕、身体健康，心理更是七上八下，日夜琢磨：究竟谁接谁的班呢？于是，四面出击，加速篡权，结果呢，欲速则不达，遗尸他乡……又中了拔苗助长的预言。

当今社会，传媒发达，各种信息满天飞，当然，真假难辨的情形也自然难免。在是非分明之前，权当故事听吧：

惊闻，一天讲台没上过的女艺人，只是凭着那张带酒窝的脸蛋和语速快捷的巧嘴，当上了大学教授。尽管人家不发工资，自己掏腰包也要干。是啊，撇开财富和名气来说，“教授”的知识品位毕竟不是一个艺人能比拟的。

……

人的双手长着十个手指头，可是无论你怎样使劲，也不能同时抓起十个鸡蛋。指望“十个鸡蛋式”的成功，只能是摔碎了鸡蛋。

第三类的成功，自然是最费力的那种。“一分耕耘，一分收获”，甚至是“只有耕耘，没有收获”。古训说得好，“功到自然成”，“宝剑锋从磨砺出，梅花香自苦寒来”，“失败乃成功之母”。听起来有理，做起来不易。

英国人有崇尚知识、尊重科学的文化传统，尤其是实验科学发达。在第一次工业革命时，英国人无疑是世界经济的老大；相形之下，德国人性情严谨内敛，善于理智思维，其最突出的民族性格是，对意志力的崇敬远远大于对科学知识的迷恋。德国谚语说，“坚强的意志，处处创造奇迹”，充分表达了德国人的基本价值信念。德国的音乐家们成功的音乐作品，大多是激情澎湃、充满力量、雄浑激越的，贝多芬如此，瓦格纳也如此。现代的德国哲学的主流思想也具有同样的情绪，叔本华如此，尼采更是如此。二十世纪德国多次的迅速崛起与此不无关系。中国人说，哪里摔倒，哪里爬起来，咬定青山不放松，不怕失败，敢于失败，德国人实践得最好！

他山之石，可以攻玉。

成败相互依存，互相转化。失败的次数越多，失败的程度越大，成功的感觉也越大、越强烈。唾手可得的收获，没有人有真正的珍惜感和成就感。磨难和失败，是人生中不可多得且无可替代的财富，也是人们收获美感的真实原因。

汉语里，称“羊大”为“美”，实事出有因。我们的老祖宗上山狩猎，偶尔可能空手而归，仅仅带回了几只不够充饥的羊羔，面对如此弱小的生命，居民们决定将它们养起来，大了再吃。显然，某位幸运的妇女接受了这项艰难的劳动任务。畜牧业就这样从农业中第一次分离了出来。毕竟这是前所未有的全新事业，这位妇女，以严谨的科学态度，认真观察，不怕失败，不辞辛苦，尝试了诸多办法，终于在历经记不清次数的失败之后，羊，一天一天长大了。看着日益长大的羊，这位幸福的妇女，心中涌动着一种前所未有说不清道不明的情感，“羊大了，羊大了……”对了，这就是美！

顺便说一句，美字的汉语发音，恰好是对羊欢快叫唤声音的惟妙惟肖的模仿，不信试试！

人们经常把失败视为生活的逆境。面对同样的处境，有人沉沦沮丧悲观消极了下去，有人却抓住了这千载难逢的好机遇，奋身崛起。那场史无前例的“文化大革命”曾经改变了多少人的命运啊！“革命”结束后，文坛上一片啼哭声，“伤痕”文学举目尽是，人们沉浸在悲苦抱怨哀伤责怪的情绪中……有一个声音，尽管不算掷地有声，可真算坚定有力，让人们惊醒：“哭哭啼啼，没有骨气”！抬头一看，这话居然来自那场灾难中苦难最多的一位老人，邓小平！身材不高，声音柔和，少言寡语，沉稳内敛，是这位老人的外在形象。谁能知道，这背后却隐藏着多少的冤屈和磨难。井冈山挨整，文革被斗，“反击右倾翻案风”被打倒，上大学的儿子被从楼上推下，摔成终身残疾，古稀老人躬身劳动于农场……要哭的话，他的理由最充分，然而，这位“中国人民的儿子”从来没有因为苦难掉下半滴眼泪，相反，苦难中，他让中国人民迎来了新时代的曙光。

面对自己的家住在没有电梯的高层，对于上楼，通常有两种心理准备：一是，唉，没办法，又要受罪；二是，多好的锻炼机会哟，这一级又一级的台阶，将如同连绵不断的苦难被我踩在脚下！

楼，终究是要上的，因为，家在楼上；带着怎样的心境上去，却提醒着每一个人！

小仲马说，人生是一串由数不清的烦恼组成的佛珠，成功的人是含着微笑将它数完的！

8. 人，是自己的作品

人们用自己的生命实践一次又一次地证明，人，并没有既定的命运；人，不是“先天性”的现实化；人，是一种可以重塑的生命形式；人，是人自己自主选择和创造的产品！

近一千年前，被贬黄州的苏轼途经江州，曾借宿于庐山西麓的西林寺，因为是当时的名人，所以被求墨宝，他欣然提笔，在西林寺墙壁上题下千古绝句，“横看成岭侧成峰，远近高低各不同。不识庐山真面目，只缘身在此山中。”后人多言其中哲理深厚，意蕴无穷。

是的，现在的人们已经能将自己的视野扩展到许多亿光年之外，并明察秋毫般地伸向“纳米”之类的微观世界，然而，对于身陷其中的“自我”，却依然是云遮雾罩，模糊不清，人们关于自身的认识，似乎一直徘徊不前，这也从侧面印证了那句俗话，“当局者迷，旁观者清”。当人们为科学技术接连不断的发现发明而弹冠相庆时，应当知道，人们对于自身的认识，的确还有非常遥远的路要走。

“反求诸己”，是中国哲学持之以恒的任务。在中国，几乎所有的哲学智慧都是围绕着人的自我认识展开的，即使是份额很少的自然哲学，比如五行学说，最终还得以服务人的生活为依归，传统中医应用五行“理论”实践于医疗，就是一个证明。不过，中国传统哲学关于人的理解，基本上是以塑造道德楷模、树立标准人格为目标的，旨在为人提供一些可以操作践行的思想和行为规范，换句话说，这种哲学具有非常现实的功利性，它直接教育人们如何地做人和做事。

即使少数涉及于人的形而上学式的思考，也只是在为做人的教育上提供某种方法论上的支持。比如说，孟子坚信人性本善，认为，仁义礼智四端，与生俱来，天性纯洁，犹如清水出芙蓉。这一说法，为人的教育提供的方法是，教育应当以夸赞奖励为主要方法，以启发为教育的主要特征。可是，他的对头荀子则针锋相对，认为，人性本恶，每个人，生下来就要吃要喝，要这要那，来到这个世界，就是索取。于是，面对如此丑恶的人性，改造起来自然要下一番工夫，不动“真格的”恐怕不行，因此，所谓的教育，理应居高临下，施以严厉管制和严格处罚，“严师出高徒”，好钢是千百次地锤炼出来的。

中国传统思想多数时候是居高临下地说理和教诲，老少分明，长幼有序，等级森严，礼尚往来。老师斥责学生说，“回家去好好想一想”，话虽这样说，其实并不是真的允许学生回去进行自由和自主的思考，而是要他把老师如何的对和自己如何的错，“想”出来。显然，在这里，思想的结果在思想之前已经存在了。天、地、君、亲、师，为整个社会提供教育，其他的，则是受教育的；天、地如何，没有长嘴，自然，还是后三位说了算；后三者里，亲和师可以说，但也不能畅所欲言、随意张嘴，说话的尺寸以“君”方的为准。如此一来，教育便是一种特权，一种一元化的单方面说教或精神灌输。这种情形下，人们对于自我的认识，只能是对照特定标准而进行的自我改造和自我教育，一切都应当按照“规定动作”进行，就像鞋厂里做鞋，模具已经有了，剩下来要做的是，将材料往模具里“整合”，如此这般，就成了鞋。

思想的一元化，人格的趋同及相互认同，是专制制度的产物，也是维系这一制度的精神力量。尽管中国传统哲学充满着五光十色的人生智慧，但是经过政治力量的过滤筛选，最终整合成一种圆润柔和张弛适度的人生策略，而那些可能危及统治阶级根本利益的思想信念，则只能屈身于文化暗流，或以边缘文化的形式游离于主流文化之外。

两千多年前，希腊思想家苏格拉底确立了“认识你自己”的哲学使命，开始了西方文化中人的自我认识的思想历程。尽管经历过将人的尊严扭曲为原罪的基督教时代，人本主义依然不断翻新，针对不同的对手，不折不挠地顽强反抗。不过，在人的认识上，直至马克思人学理论诞生之前，西方人更多的是作了自然主义和理性主义的解释，从苏格拉底的学生柏拉图，到几乎与马克思同时代的费尔巴哈，基本上大同小异地将人解释为理性、意志和情欲的综合。

这一解释，甚至可以在中国传统文化中找到共鸣。

《西游记》，是中国文化典籍的一个另类，其创作的潜在逻辑非常类似上述西方文化关于人的解释。书中的主人公是师徒四人，最没有人情味的是头号主角唐僧，最有人情味的是猪八戒，最让人感到安全的自然是孙悟空，至于沙僧，似乎是创作者，为了有人挑担而增加的一个可有可无的人物。这本来是一个人格整体，作者却将其分裂为三个独立的人格：唐僧代表着理性和方向，当然没有了人味，加上作为一个人的意志力又被抽取了出来，给了悟空，自然是手无缚鸡之力，在妖魔鬼怪面前，总是惊恐万状、可怜无助地等待救援；毫无疑问，孙悟空代表着人性中的意志和勇敢，他（它）战天斗地，降妖伏魔，是力量和不屈的象征，不过，如果离开了唐僧的理性方向，他（它）也仅仅是一个打闹不停、游乐嬉戏的顽童；猪八戒？当然是人性中最自然的那部分的化身，“食色，性也”，在他（它）身上得到完整体现，他总是第一个感到饥饿，时刻想着回高家庄，西行的艰苦旅程对他来说，完全是被迫的，只要有可能，他肯定是第一个逃兵，不过，将心比心，他的确非常真实可爱，如果没有他，《西游记》一定是一本十分枯燥乏味的滞销书，即使盖满了灰尘也可能无人问津。

当然，那个发生在唐代的玄奘西天取经的历史故事，因为它的真实，所以人们的心灵为之震撼；

这是一次多层人性之间的搏斗过程，是自我征服自我的过程，是多数人无法完成的历史事件；

读着《西游记》，尽管知道孙大圣猪八戒以及诸多神妖鬼魔纯属虚构，可是，人们却宁愿相信这是一段真实发生的历史，而不是类似“聊斋”之类的神鬼“故事”，因为，其中的“人”物，与人性的逻辑完全一致；人们有理由说，《西游记》讲述的，正是那个真实唐僧西去取经的坎坷经历和复杂的内心斗争过程。

尽管具体结论不同，中西方思想关于人的思考，在思维方法和思想逻辑上却惊人的一致，都默默地将人性看成是先天赋予而一成不变的。也就是说，当他们在大谈人性或人的本质是什么时，都共有一个假定的不言而喻的理论前提，那就是，人们具有共同的本性或本质，否则，后面的话都成了多余的废话。

而在这个看似不言而喻的“前提”上，马克思是个例外。

马克思并没有针对哪位思想家的具体结论发表评论，因为他首先不赞同他们将人性视为超越时空、亘古不变的基本思想立场。

在他的理论视野中，认识和研究人，与研究猫狗的动物“科学”，不应当是使用同样的方法或立场。动物学，只是在纯粹的“自然”生命的意义上进行的，比如说，研究它们的呼吸系统、消化系统、生殖系统如何如何。而对人的研究，则远不能局限于此，因为人，除了是自然生命之外，更重要的是，取得“人”的意义的生命，并不是由于他们是如何消化、如何呼吸、如何生殖的，而主要是因为他们是“社会的”产物，人类的社会化活动，也就是人类改造世界的劳动和实践活动，一方面改变外部自然（自然界），另一方面也不断改变人自身（“内部自然”或本性）。而随着实践活动的拓展和深入，人的“本性”或“本质”也与时俱进，不断变化，因此，那种不变的、超越时空的、抽象的“人性”只能是一个错误的假设。

是的，在肉体（自然）方面，人与人之间差异很小，正如猫与猫的差异，狗与狗的差异一样，可是，由于社会生活和实践的原因，在精神世界上，人们之间则呈现出巨大的差异。劳动和实践，曾经将人造就为人，使人与猿相互揖别，此后，“你走阳关道，我过独木桥”。对人来说，劳动实践，是一个永远没有终点的流变过程，于是，人自身也必然是一个没有最终模样或终极模式的流变过程。与动物们的重复生存方式相比，人类的生存方式在不断地发生历史性的革命和革新，这一成果在不断翻新人的“面貌”。

也就是说，人，曾经是劳动实践的产物；人，还将继续是劳动实践的产物。

这是一种全新的历史视野，它为人们的深入自我认识提供了崭新的视角。

人，永远是一件没有完成的作品；所谓的人，意味着多元的可能性，是一个等待重建和刷新的前途未卜的新生儿。

正如现代德国思想家尼采所说，人是什么，是猴子与“超人”（尼采心中人的更“高级”状态）之间的一根绳索，一种过渡，一种没有定型的“中间”状态；对人来说，猴子是可悲而可笑的，而对“超人”来说，人也同样是可悲和可笑的！从进化论的意义上说，人，并不是进化已经终止的固定物种，而是进化的阶段性产物，因此，具有多种可能性的“前景”；从社会学的意义上说，无论是“先天性”还是“后天性”，人都有广阔的拓展空间，换句话说，人，一方面没有先天地“注定”是什么或者不是什么，另一方面，他后天成为什么，也没有定数，而取决于他后天的具体生命实践。

人的这一“流变”状况，决定了他与其他生命形式之间存在的鸿沟，其他的生命形式，其“后天”的生活，无一例外地取决于“先天”的基础，它们无法超越自然法则规定的生存方式和生命轨道。它们没有人类意义上的“可塑性”。正如一棵树，别看它长得凌空盖世，高大恢弘，其实，现在的一切，不过是当初孕育它的那一粒树籽内在信息的后天空间展开罢了。这是自然生命生长和灭亡的一个基本法则，也可以说是“一元化”生命的“命运”。

也是在同样的意义上，现代法国哲学家萨特断言，人是“虚无”。

所谓的“虚无”，并不能望文生义地理解成什么也没有；这里的“虚无”，是一种什么也不是的状态，或者说，是一种什么也可能的状态，就像摆在书法家面前的宣纸，现在还只是白纸一张，上面什么印记文字都没有，但是，上面却可以被书法家写上各式各样的书法作品。当然，究竟写上如何的作品，宣纸最终成为什么，那是后来的事情，并且，后来的“作品”是什么，与这张宣纸并没有直接的本质联系，正像达·芬奇究竟是拿了哪张画布画出了《蒙娜丽莎》并不重要，不能因此将这一作品的天才归功于那张特定的画布一样。对现实的作品而言，那张白纸或画布仅仅是“虚无”的状态。

萨特宣称，他是一个坚定的马克思主义者；因为，他与马克思一样，顽强而忠贞地捍卫人的自由和尊严，矢志不渝地寻找人的生存意义和价值。令他叹息的是，以前的思想家们，不仅没有因为自己对人的研究而抬高人的尊严和价值，反而将人下降为“物”。

萨特的伟大发现是，人是与“物”完全不同的存在，前者的存在可以归结为“本质先于存在”，而后者则是“存在先于本质”。“物”，比如说，一张书桌，一把裁纸刀，它们的“用途”和“命运”在它们的实际存在之前已经被规定好了，它们的现实存在，只是这一“先天本质”的现实化，因此，它们是“本质先于存在”，任何书桌，任何裁纸刀，任何的“物”，都无法逃脱它的先天本质。

人却不同，他后天成为什么，并不取决于他具有什么样的“先天本质”，他登上人生舞台时，并没有被规定为一个特定角色，仅仅是“虚无”，或者说，是可能性；只是由于后天的活动，他将自己塑造成一个特定“模样”的人。

因此，你要问你是谁，答案是，你是你生命活动的总和，你是你自己生命实践的作品；人的本质，是后天活动的结果。

因此，他们的生命永远是也只能是“存在先于本质”，面对的还是那张“宣纸”，每个人都在一笔一画地将自己的形象和“本质”书写出来。

面对这样的说法，许多人可能不免抱怨说，我们后天的生活是由现实环境决定的，正如我无法选择我在哪个娘肚子里发育成人，我们也没有选择后天环境的自由。

这一抱怨似乎具有充分的现实理由，不过，仔细推究起来，其中的破绽还是不难看出的。因为，即使是相似或相同的环境，也并不能真正造出完全一致的人和人格，没有什么环境能真正让人们的生存方式完全一致或重复。事实上，面对同样的对象，每一个人都在自主地进行选择，比如说，面对逆境，有人消极逃避，有人积极抗争；面对成功，有人骄傲自满，有人坚持不懈……正是通过每一次的自由选择，人，才将自己塑造成“自己”。

人们经常抱怨说，我这样做，完全是环境逼的，云云，其实，这只是一种不敢承担责任的自我开脱，是他们权衡利弊试图规避责任的一种“逃避”行为；换句话说，每个人，即使在极端情形下，也拥有一定程度的选择自由，即使在军令如山的战场，表面上看，你必须服从命令，必须冲锋，但是，你也有选择向自己开枪的自由。可见，选择的自由是无处不在的。人们惧怕自由，实质是惧怕因为自由选择所引发的后果和责任。

现在，让我们再次听一听环境决定论者的声音，是的，这一类的声音和抱怨，永远不会来自于生活的强者，而是弱者自我辩护和精神自慰的梦呓之语。所谓强者，是勇敢承担责任的人，为此，他们拥有海阔天空般的生存舞台；而弱者呢，则只能随时龟缩于他们认定的安全角落。

实践不止一次地证明，生活是如此的有趣和辩证，担心失去什么的人，总是在失去；而勇敢开拓的人，生活经常回报累累硕果。

人的一生，随时都面临着十字路口，向哪个方向迈步，必须做出选择；选择是无法逃避的，即使不做选择，依然是一种选择，那就是你选择了不选择；由自主选择带来的恐惧，来自于后果和责任的未知，人们经常将其类比为某种意义上的赌博；对于选择的未知后果，人们通常根据经验来进行推论和判断，但是，经验判断，也就是根据“已知”而推算“未知”的做法，并没有预计中的可靠性，企图走捷径的人常常可能走弯路，试图逃避责任的人往往可能支付更大的代价。

萨特曾经形象地说，假设有几个人同时被冰雪围困于险峰，其中可能有人不是被动地毫无指望地等待，而是纵身一跳，以未知和全部的代价，博取唯一可能的生路，那个人一定是一个“存在主义者”，也就是生活中勇于承担责任的强者。因此，真正具有挑战意义的生命，总能跳出人们通常局限的经验视野，而勇敢地踩出一条人们并没有跋涉过的道路。

人们总自以为是地因为自己的“聪明”而遭遇最终的失败，许多试图逃避责任的人就是如此；一部分人却因为自己的被经验主义者评价的“愚笨”而收获生命的最大价值。

一切，都因为自由的选择；一切，也因为选择的自由。

一千六百年前，陶渊明是“愚笨”的，也是勇敢的，他放弃了好不容易到手的县令官职，毅然归隐田园，耕读饮酒为生，与县太爷衣食无忧的生活相比，日子的艰难是今人所难以想象的。可是，他的这一近乎残酷的选择，却为世界文化成就了一个举世无双的田园诗人；换句话说，历史也可能错过这一机遇，因为，人们假设的另一种历史结局也不是不可能的：面对督邮的视察来访，陶渊明尽管心里不痛快，但三思之后还是决定跪拜迎候，从而继续做他的彭泽县令。

两千四百多年前，苏格拉底是“愚笨”的，也是勇敢的，在生死可以自由选择的情形下，他放弃了生命，毅然赴死，他的选择令他的学生和崇敬者感到无限的悲痛，因为他“不公正”地受死，雅典为之震撼。他用自己的生命，勇敢地实践了自己成为雅典的“牛虻”这一愿望，他为历史留下了一个无私无畏思想家的经典形象；当然，当年好心的学生们如果劝说工作做得更为到位，比如，以有力的理由反复说服他们的老师，暂时低低头，卧薪尝胆，时机成熟再说，“留得青山在，不怕没柴烧”，等等，或许，也可能动摇他赴死的决心，当然，如果如此，那个柏拉图的老师，那个一生都在质疑生命价值和意义的“自我认识”者，也可能因此而葬送了他的真理梦想的全部价值。

因为死的自主选择，苏格拉底才成了后人心中的那个永恒的苏格拉底。

……

这些后世眼中的“大人物”，如果还原历史的真相，其实都曾经是普通得再也不能普通的人；然而，由大智产生大愚，大愚表现为大勇，他们选择的自由或自由的选择重建了他们的生命；当然，也由于上述原因，而重建了历史。

司马迁是如此，屈原是如此，马克思是如此，萨特也是如此，毛泽东也是如此……这些曾经的“普通人”，因为不平凡的选择，而成为改变人类命运的历史人物。

人们用自己的生命实践一次又一次地证明，人，并没有既定的命运；人，不是“先天性”的现实化；人，是一种可以重塑的生命形式；人，是人自己自主选择和创造的产品！

9. 人生的绊脚石不是别人设置的，而是自己

如果人们能将自己对生活的要求降至底线，而将感恩的心理放大到最大限度，那么，不仅没有多余的抱怨，而且，生活在心灵的感受中，将是诗一样的充满美感。

人们常说，生命，对每个人都只有一次。“逝者如斯”，“滚滚长江东流去”，任何个体的生命都无一例外地、日夜兼程迈向同一个目标——死亡。面对这一宿命的结局，古往今来，人们留下了不尽的感叹和无穷的哀怨。然而，这是一种任何个体所无法左右的力量。在它面前，那些曾经鲜活的生命，那些曾经同我们一样忧伤或者快乐着的生命，那些曾经拥有闪烁或坚定的目光，曾经拥有实际或崇高的理想的生命，那些或轻于鸿毛或重于泰山的生命，平静地或者不平静地，安心地或者不安心地永远地离开了他们短暂活动过的舞台。

时间，那为了寻找自己生命坐标，而由人类虚构的善意谎言，毫不留情地将任何生命个体打回原点：既然是从无中来的，当然还是回到无中去！面对不尽的生死代谢，任何的时间都没有意义，因为人生百年也好，沧海桑田也好，终归是有始有终的，因而都是极其偶然的昙花一现。如何的短暂，佛教有个似乎恰如其分的说法，“一刹那”！

“一刹那”有多长，是如何计算的？回答既简单又复杂，计算公式是：以你存在的时间除以你不存在的时间，得出的便是这个令人伤心的结果。

享乐主义、禁欲主义、利己主义、集体主义等等，让个体寻找生命支点的“文化”，都能通过人生共同结局的证明而具有无懈可击的合理性。杨朱说，“生则尧舜……死则腐骨”。（《列子·杨朱篇》）这位“拔一毛利天下而不为”，从而被历史判决为极端利己主义者的杨朱，似乎以异乎寻常的洞察力看清了生命温情掩盖着的残忍真相：尧、舜，当然伟大，死了嘛，与桀、纣这些千夫所指的坏蛋相比，又有什么区别呢？都变成了腐烂的骨头。是啊，如果你摆弄着这一堆一堆腐烂了的骨头，你能嗅出什么是生命的意义？

从理论上说，生命的悖论在于，任何的生命都本能地渴望永生，而任何的生命又必然灭亡。于是，生命唯一的选择是在这势不两立的夹缝里寻找“空间”和“价值”。人的一生，就像一个大力士，努力地将巨石推向山顶，眼看要到顶，由于用尽了最后一丝气力，巨石又滚落山下，一切又得从头开始，可是，下一次的结局依然是上一次的重复。如此周而复始，直至整个游戏的结束。

不过，从生命实践上看，生存的欲望似乎具有战胜一切的勇气和意志。弗洛伊德断言，生命个体的本能是不包含死亡预期的。也就是说，任何活着的个人，在骨子里，是不相信自己会死亡的，尽管在理智中，他也对“凡人皆死”的结论表示由衷的理解。战胜死亡的生命活动，一开始便注定是一场敌强我弱、实力悬殊的残忍游戏。所谓的悲剧，通常是要看到结尾，可这场悲剧，则是由于舞台幕布的拉开。因为，人的死亡通知书与出生证是同时拿到的。

“未知生，焉知死”，“未能事人，焉能事鬼”，孔子的哲学智慧告诉人们，既然活着，就好好地活着吧；至于死亡是什么，死后又会如何，与活人是没有关系的，也是说不明道不白的。可是，还是这位孔圣人，内心里并没有真的摆脱死亡情绪的纠缠。因为，他试图证明，他发现的为人之道是可以解除精神死亡的威胁的，通过“立功、立德和立言”的伟大人生实践，可以流芳百世，从而在精神上超越死亡。尽管，儒家学说并不直接讨论生死，但是，这毕竟是任何人所无法回避的问题。讳疾忌医的做法终究可能酿成无力挽救的可悲结局。

一般来说，孩子们惧怕见到死人，即使是自己死去的亲人。心理上如何解释这一现象，不得而知。不过，从文化上讲，这一现象在中国传统中有着十分突出的表现。这与儒家忌讳“鬼神”的遮遮掩掩的羞涩态度直接相关。与此形成对照的是，对其他生命形式的蔑视，对弱小生命的任意践踏，却意外地成为这一文化的附带补充。因为，既然人的死亡是一件庄严而痛心的事，它不能成为人们客观面对的对象，那么，其他生命的死亡则以类比的方式，给人们提供了有关死亡的认识，顺便还可以带来胜于游戏的快感。比如说，将鞭炮捆绑在猫尾巴上点燃，欣赏它狂奔乱跳的挣扎表演；比如说，为了吃狗肉，屠夫举起了尖刀，在屠杀那可怜的狗时，通常可以招来许多的看客。他们在看什么？这种类似于科学研究的认真态度表明了人的求知天性，当然也可以说，嗜血的心理本能在欣赏死亡的表演。

一般来说，人们并不能通过他人的死亡，而获得关于死亡的客观理解，就像不能通过观看别人结婚而获得婚姻的体验一样。

从本质上说，死亡并不能真正成为人的认知对象，这也是孔子之所以拒绝讨论死亡之类问题的原因之一。我们应当将死亡理解为一种类似于“力量”的东西，借助这种“力量”，人们获得了关于个体独特性的确认。人们对于群体的依赖由来已久，并且，经过漫长的岁月，这种依赖感内化为种种的情绪和情感，如同情，爱慕，尊敬，合作，人们之间的相互帮助和合作，被确认为符合人性的必然要素，相反，任何危及人生命的力量都构成了人类的共同敌人。然而，无论这种“合作”精诚到什么程度，事实上也无法挽救个人的悲剧命运。

你的朋友或亲人可以“帮”你完成很多的事情，而在最关键的问题上，却无能为力，换句话说，任何人都无法代替你去死亡。

死亡，就是这样一种“力量”，让你明白你是独一无二的、不可替代的，它将你从人群中分离出来；死亡，赋予个体生命以特殊性和个别性。因此，不应当将死亡理解为生命的终结，而应当体验为与生命个体如影随形的过程。事实上，个人任何行为的选择，最终取决于他下意识里对死亡的理解。他利己地活着，像杨朱那样，是因为他只确认个体生存的意义；他利他地活着，像雷锋那样，是因为他确认群体生存的价值。反过来说，利己主义者将死亡理解为纯粹个人的事，而利他主义者则将死亡解释为个体生命之间的一次接力。

死亡的体验，无法通过科学研究获知，而只能来自于直觉。因为，死亡，并不是经验的，无法重复感知；死亡，又是纯主观的，无法适用各种先进仪器设备，无法由外而内地实验。对多数人来说，死亡的体验是被动的。比如说，被医学诊断为晚期癌症，且已全身扩散，患者收获的那份独特的心理感受；或者飞机失事，从高空坠落到飞机实际接触地面大约需要几分钟，那几分钟里，乘客们收获的空前绝后的心理体验。最后时刻的精神体验，可能超过任何名牌大学知名教授的谆谆教诲，让人以最快的速度明白了生命的全部意义。因为，通过那些死里逃生的幸存者，人们可以领会到生命是如此的顽强，又是如此的脆弱。

若干年前，当我的一位大学同学英年早逝时，我曾经悲痛地写下题为《我们是幸存者》的哀悼文章。题目是悲观的，内容却是积极的。如果我们能以一种“幸存者”的态度，自然而平静地面对死亡，如果可能的话，还可以邀约死神，成为一路同行的朋友，难道不比那在死神面前惊恐万状的悲伤痛苦来得幸福和洒脱吗？中国有句俗语，“大难不死，必有后福”，深层便内含着这样的意思。

“大难”让你成为幸存者，有了深刻的死亡体验，“后福”则意味着从此你生活得更为轻松洒脱，懂得了感恩。

两千多年前，一个叫做皮浪的希腊人，与许多的乘客一起登上了一条船，航行中，风浪突起，船只随时有倾覆的危险。乘客们惊恐万状，只有皮浪静静地坐着，指着一头正在啃食萝卜的猪说，人们啊，学学这头猪吧，它是多么的幸福啊！

人的本性里，似乎存在着一种基本的惰性或缺陷，对于已经拥有的，人们通常不会过多地珍惜；而对于失去的，却又追悔不止。比如说，对一个健康的人来说，他未必真正将健康视为最大的财富，相反，他似乎有充分的理由支配并浪费这种财富。生活中，人们习惯于各式各样怨天尤人的抱怨和不满，而对一个垂死的人来说，可能茅塞顿开，原来，那些抱怨和不满完全是庸人自扰、无事生非，生活原来是多么的美好啊！如果人们能将自己对生活的要求降至底线，而将感恩的心理放大到最大限度，那么，不仅没有多余的抱怨，而且，生活在心灵的感受中，将是诗一样地充满美感。直觉，正是这样一种全新的精神发现，它跳出了对生活负荷人云亦云的理解，借助死神的深情注视，生命将显现出不尽的活力和无限的精彩。

理解死亡，是人精神世界收获自由的真正前提。

生活中，人们因为名誉财富等等而持续地发生矛盾和冲突，而一旦领悟了生命的偶然性和条件性，一切对立和冲突都可以迎刃而解。因为，从根本上说，对于无限的“时间”和“空间”来说，一个特定的人与另一个特定的人恰巧在同一时空中相遇，这种几率约等于零。中国有句话说，“相逢一笑泯恩仇”，该是多美啊！

看着流逝的江水，品味着短暂生命的滋味，孔子发出了“人之将死，其言也善”的感叹。善，代表着人们对生命的终极理解，也代表着人们对曾经的对生命肆意践踏的无限追悔，还代表着人们对稍纵即逝的人生的永恒缅怀。因为，在世俗生活中，为了短期或特定的“目标”，人们曾经为自己的人生架设了重重精神围栏，并为此支付了大量得不偿失的生命代价，而一旦直觉生命的真相，便豁然开通。原来，人生的绊脚石不是别人设置的，而是自己。缘也由己，孽也由己！

生命最大的创造能力来源于最大的生命压力。如果你被一群饿狼追赶着，你肯定会跑出最好的运动成绩。个人的真正悲剧在于，人们通常将悠闲、松弛和没有压力的生活视为自由和追求的目标，而一旦尝试这种生活，又在不经意间发现自己只不过是一具行尸走肉。

是的，感受生活的美好，最好的途径是直面死亡；了解生命意义的最佳捷径是深刻的死亡体验。当年的庄子曾经枕着骷髅睡觉，随时保持与死人的交流和沟通，的确耐人寻味而意味无穷；夫人死了，不仅没有放声啼哭，反倒“鼓盆而歌”，让人觉着有现代中年男人所谓的“三幸”，“升官、发财、死老婆”的嫌疑。庄子，言行一致的人生实践，让人们明白，生活的美好，是因为它具有永恒的参照物——死亡。

人们之间的相互认同，是社会生活的重要精神基础之一；然而，也出于同样的理由，人们又成为这一“共同生活”的牺牲品。尤其在现代社会，现代社会生活，人们不仅在自然面目上日益趋同，而且，在精神空间上，日益被相同或相近的公共信息所占领。发达的科学，日益成为公共的意识形态；公共媒体，反复向人们灌输着相同的信息；学校教育，传递着统一的教育内容；社会主流价值观念，试图雕塑同样的人格模型；公共秩序的整齐划一，将人们纳入既定的生活模式……这一切“文明”成果，以野蛮的方式吞噬着个人的多元性和个别性。马尔库塞说，现代文明像一台巨大的机器，以空前的力量，将人挤压成“单面人”；萨特哀叹地说，个人，愈来愈成为煤堆里的黑线，因为，煤堆里有没有黑线是完全无关紧要的；他的老师海德格尔说，人，成了“沉沦的”或“中性的”人！

是啊，在歇斯底里高喊“知识就是力量”的时候，人们压根儿不曾预见到，知识与人的尊严和幸福距离究竟有多远；更不曾预见到，一旦人们的精神世界完全被“知识”控制时，人们将会蜕变为公共文明所左右的附庸。

事实上，现代生活最令人窒息的地方在于，人的个别性越来越只具有外在形式上的意义，而精神上则越来越多地趋近平均值和“标准化”。人的重复或复制般的生活，导致的结局是，它不仅不能制造喜剧的生命过程，甚至也丧失了任何独特的悲剧价值。

对于被环境和社会机器左右的生活，个人就像被不断涌起的巨大浪潮而任意撕扯的漂浮物，他似乎有着某种意义的感性存在，然而却又几乎全面地失去了生命的本质力量，与其说他也是某种程度的生命，远不如说是介乎于有无之间、真假之间的一种不明朗的虚拟存在。这一存在只剩下被掏空了的空洞外壳，填充其中的是“紧张”、“恐惧”、“烦躁”、“不安”和“绝望”的情绪和情感。与现代社会积攒的巨大财富相互攀比的是，日益增加的精神病患者，高犯罪率，高自杀率，原因不明的流行疾病，花样翻新的恐怖活动和冷酷无情的暴力倾向。

当然，在忧心忡忡地面对现实的同时，人们因为同样的理由也可以乐观地相信，这又是人性复归和重新获得自我认识的绝好历史机遇。

海德格尔相信，死亡是人生的最好练习，因为死亡是使沉沦的人回归真实个人的最为有效的力量。深刻的死亡体验，不仅可以使人体味生命的真实性和唯一性，而且可以激励人们重塑人格、建立尊严、自由创造和珍爱生命。死亡体验，是让人们能够主宰自己命运的唯一力量源泉。“练习”死亡，可以让人们明了人生取舍的标准和原则；“练习”死亡，又是人们反抗习惯势力和各种异己力量的最好武器；“练习”死亡，还让人们真实拥有独立构筑生命价值的意志和勇气。

人的生命，之所以具有意义，首先是因为它具有未知性和可塑性，没有先在既定形式的框定。人，通过自身活动，将自己塑造成特定的社会形象；每个人都是自己亲手制造的作品。

社会价值系统可能依据主流价值观念和对社会构成的影响，而为每一个个体做出等级性的评价，但这并不是个人生命价值高低的最终依据。个人的价值属于历史，属于生命接力的人类整体利益，因此，它甚至与当下的社会现实没有直接联系。

就个人而言，他可以是现实生活的火热弄潮儿，也可能是现实的叛逆者，还可能是游离于主流社会之外的“边缘人”，这些现象上的差异并不是人生价值的尺度。尼采曾经深情地预言：有的人是死后才出生的！也就是说，个人的生命价值并不能立竿见影般地及时反映出来，往往要经过历史的考核和筛选，不过，只要是金子，总会发光的。“有的人”死了，却又在后来的历史中“活”了过来。好比说，孔子生前肯定做了不少的梦，不过，有一个梦，他可能没有做过：在他死了许多年之后，他成了中国的最大圣人。

对一些人而言，最轻松适意躲开风险的生活，是跟随在他人步伐的后面，让“工兵”开道，取出或引爆前方的地雷。而真正坚持“走自己的路”的人，则通常需要直面死亡的勇气和创造生命价值的不屈意志。

是的，放眼看去，跟在后面，重复别人的脚印，一路谈笑风生的人，队伍总是越来越大；坚定一个方向，无畏迈步向前的人则总是那样的形孑影单，荒漠跋涉；记住尼采的一句怒喝：“别跟在我的后面!”

10. 善于抓住机遇的人，不言命运

生活没有机械的等式，没有既定的因果关系，一切“结果”都是条件性的存在，就像鸡蛋的“结果”既可能是小鸡也可能是人们的盘中餐一样。

未来只有“偶然性”，而没有必然和命运。

敢于并善于抓住机遇的人，不言命运；消极被动或盲目等待机会的人，总是怀才不遇般地抱怨命运的不公。

人的一生，或长或短，肉体的结局是一样的；然而，古往今来，茫茫人海，人们的精神或心灵的结局却千差万别，甚至相去甚远；由人们精神成果搭建起来的文化大厦，对人类而言，具有永恒的意义，而个体的生命价值，则取决于他与这一“大厦”的现实或历史的关系；正如人无法拎着自己的耳朵离开地球一样，个人无法对自己进行历史性的客观评价和反思，井底之蛙的位置决定了个人生存的局限和盲目，但这却并不意味着，在特定有限的时间空间里的个人，不能描画更加绚丽多彩的人生；既然，人能够在精神上合乎逻辑地制造出类似于“上帝”那样的十分健全的人格，那么，为什么不可以造就一个虽然没有十分，但有五分、六分或者更多一些的完整“自己”呢?

从最终的意义上说，没有人真正满意自己，即使他此刻已经拥有了他曾经梦想的一切。

有意思的是，并没有人真的将不满意自己的原因和责任，归咎于自己，人们自觉不自觉地将责任推诿于环境或其他的因素；可是，环境等等“外在的”异己力量，并不能真正为个人承担任何“责任”，显然，这是一个令人尴尬的处境，不过，已经滚到了脚下的球总是要踢出去的，如果实在找不到合适的球门，假想的也可以；这样一来，个人自我安慰的精神出路只剩下一条：将所有的牢骚和责任推给一种虚拟的异己力量：命运。

命运，是人类文明的最为杰出、极富创造、日新月异并能与时俱进的谎言。

当幼年的人们惊异于自然的恢弘和秩序时，他们开始了刨根问底式的“问天”，这一情形非常类似于天真的孩子们，他们的问题总是异乎寻常地多而奇特，许多时候，大人们的回答永远也无法让他们真的满意，来自自然和自身的疑惑和问题，似乎永远也找不到令人满意的答案。猜测，永远占据人类知识份额的多半以上。实际上，人类一直在用不同的语言，尝试着回答一个萦绕心中挥之不去的万古长青的问题：究竟是什么力量在左右着这一切？

为什么春去冬回？为什么昼夜轮回？为什么……

中国人最直接的猜测性结论是，天行有常；西方人说，世界有它自身的规律性或逻辑性。说法不一，意思却完全一样。但是，对上述问题的这种回答，仅仅是一个开始，这还远不是问题的答案，这不过是换了个方式又回到了问题本身，就像在问，你为什么要吃饭？回答说，因为我饿了！又好像在问，方桌子为什么有四个角？回答说，因为它是方桌子！

常、道、理、逻辑、规律等等成了人类文化的关键词，它们似乎是在帮助人们解释一切，同时又似乎是在进一步地模糊人们的视线；人类的理性主义文化传统和决定论的思维模式正是牢固地奠定在这一基础上的。

在决定论看来，一切事物都必须遵从着必然规律，它们的产生、发展和灭亡都在服从着与生俱来的“命运”，物是如此，人也是如此，万物概莫能外。

一个“偶然”的发现，让人们又产生了关于“偶然性”的联想。

农夫劳动时发现，同样模样的豆荚，有的里面长三粒豆子，有的四粒，有的五粒，甚至更多，农夫开始了他的“哲学”思考了：为什么会如此？这里有必然性吗？也就是说，豆粒的多少是先天注定的吗？他想可能是“碰巧”，然而，为什么不“碰巧”那样呢？比如说，长三粒的豆荚里为什么不“碰巧”长四粒呢？

对于有限的理智能力，最简单的问题也可能会延伸为无穷无尽的遐想和争论。有位哲学家解释说，万物的产生都有原因，或者说，任何事物的出现都是某个或某些原因的结果，具体来说，这一豆荚长三粒豆子，那一豆荚长五粒豆子，都是有原因的，既然如此，这种结果就是必然的，是“命运”的安排。他进一步告诫人们说，一切都是必然的，“碰巧”、“偶然”等等说法都是人们用来掩饰自己对事物原因无知的借口和托词。

神学家奥古斯丁说得更到位，没有上帝的旨意，你的一根头发也不会从头上掉下来！中国人信教的不多，不过，命定的说法却无处不在，比方说，某天你遇上了倒霉事，有人帮助你总结原因，告诉你，那是因为你那天早晨起早了，命中注定有这么一劫，坏事也是好事，破财消灾，云云。于是，你的心情也就阴转多云。与命运的认同相映生辉的是算命术的发达。算命先生硬是让你相信，你的某个不能改变的偶然因素，比如说你的生辰八字，已经先天地决定了你生活的一切。“规律”的理论在这里具体化为谋财坑人的实践。

决定主义的基本思想前提是因果关系的理论。这一理论的要点是，必然性就是因果关系的表现。既然每一事物的产生都有原因，那么它就是必然的；而原因本身又是另一原因的结果，由此类推，这个世界是一个无穷无尽、环环相扣的因果链条，每一事物都是这一链条的一个必然环节。

是的，从因果关系的角度来说，没有事物和事情的出现或发生是没有原因的，小到奥古斯丁所说的掉头发，或农夫手中的豆荚，大到国家和民族的兴亡，乃至宇宙的演变，一切都有原因。不过，因果论者的软肋在于，并没有依据保证，因果关系就是必然关系。因为，同样的原因，可以产生不同的结果，相反，不同的原因也可以产生同样的结果。这就是说，因果之间并没有确定的必然性。

这似乎与“种瓜得瓜、种豆得豆”没有什么关系，机械主义的遗传理论或血统论早已受到了理所当然的批判；人们经常说“一分耕耘，一分收获”，实际上也只是理论上的平均值；生活实践中，作为原因的“一分耕耘”并不必然导致“一分收获”的结果。结果呢，既可能是两分收获，也可能付之东流，没有收获。生活没有机械的等式，没有既定的因果关系，一切“结果”都是条件性的存在，就像鸡蛋的“结果”，既可能是小鸡，也可能是人们的盘中餐一样。的确，人生历程中的跌宕起伏、兴衰荣辱是神鬼莫测、悬念丛生的，“是非成败转头空”，既无放之四海而皆准的定律，也无可以随时套用照搬的操作手册。生活中，不乏因祸得福的结果，但也并不意味着因此应该弃明投暗、惹祸缠身，因为，像所有的转化一样，祸福的转化也是需要条件的。

结果的未知，赋予了生存以挑战性的价值和意义，正如一场赌博，如果有铁定的失败等在前头，飞蛾不会扑火。

如果先知先觉，未来的结果已经了然于胸，一切按部就班地进行，就像机器一样，按照既定的程序运行着，一切都已经先天地规定好了，那生活也将失去其全部的意义。

当然，说人生是由命运安排的，乃空穴来风，绝非无的放矢，而是极具精神麻醉价值的。每个人都在追求成功，而成功却需要许多的失败来垫背，每一次的失败，每一次的耻辱，每一次的挫折，每一次的劫难，都像满弓的箭考验着弦那样地考验着人们的精神承受能力，挫折似乎总是接踵而来，正所谓的“祸不单行”，挑战着人们脆弱的神经。就像阿Q那样，挨打，受气，失恋，流浪，甚至杀头，轮番地轰炸着他，除了仰天长啸，诅咒命运的不公，他没有控诉的对象，没有灵魂安身立命的处所；欲罢不能，欲哭无泪，他宁愿相信这就是命运；他惧怕死亡，但是面对屠刀，他宁愿用死去换取一种“新的”命运和“新的”生活。因此，他将一生的感悟凝聚为一句誓言，“二十年后又是一条好汉”！

借助“命运”的虚构，人们获得了精神的慰藉；人们自觉或不自觉地将成功归功于自己，而又自觉不自觉地将失败和不幸归咎于“命运”；从正反两方面，精神世界得到了双重的放松。

是的，面对浩瀚的世界，个人的生命和生活是如此的偶然和漂浮不定，如果没有永恒的精神对象，没有足以让心灵为之振奋激越的力量，短暂的生存将是一片苦难。

智慧是一种痛苦，它犹如一把寒光闪亮的刀子，撕开了精神为自身精心构筑的伪装和护栏，它一方面让人们裸露的心灵为之震慑和恐惧，另一方面则让人们学会坚强和勇敢，学习自主而自由地生存。

美国现代思想家杜威说，这是一个碰运气的世界，真实的生命犹如一场赌博，没有必然，一切都是偶然的。实际上，那个拖着虚弱身体的尼采更早便发出了呐喊："上帝死了!"这着实让人不寒而栗，因为，人们从此失去了精神的依靠，成为心灵上失去双亲的孤儿。他们没有了借口，没有了撒谎和撒娇的对象和理由，没有了为自己辩护和解脱的根据，每个人只能并且必须凭借自己的力量来塑造自己的生活，必须坚定地面对一切的偶然和未知。

人们需要这样的"痛苦"，就像肉体需要痛感一样。肉体的痛感让肉体学会了自我保护，而精神的痛苦则让心灵学会了自立和坚强。不过，在这里，所谓的"命运"需要重新解释，它不再是外在地左右人们的神秘的"异己力量"，而是操控在每个人自己的手心里，由自己前后左右拨弄的"魔方"。

偶然和必然，永远是无法理清的乱麻，对人的生存来说更是如此。辩证法试图超越机械主义非此即彼的思维模式，通过建立对立面双方之间联系的方式来消除这种"对立"。在偶然和必然的关系上坚持认为，事物的发生表面上是偶然的，而深层却是必然的，必然性通过偶然性为自己开辟道路，偶然性并不是纯粹偶然的，而是体现着必然性的偶然性……在这一大堆类似于绕口令的语言背后，依然是机械主义思维模式的某种程度的逻辑延伸。因为，对"必然性"或"命运"的终极理解，正是机械式的绝对主义思维方式的起因和归宿。

事实上，无论是对“物”，还是对“人”，“必然性”只具有概括性的经验意义，换句话说，人们只能在某一过程终结之后，才能对这一过程进行所谓“必然性”的概括或总结，比如说，一场战争结束了，人们才可以对这场战争进行胜败经验的评价或总结，从中寻找某些“必然性”的“规律”；再比如说，某个人犯罪了，事后人们才能说，他走上犯罪道路是“必然”的……显然，这种“盖棺定论”、“马后炮”式的“必然性”最多只能称得上某种经验式的认识，它们并不能成为“定理”或“真知”，因为，对于正在进行的或将要进行的发展过程，它并没有实际的指导作用。历史书里说，二十世纪中的两次世界大战的发生是必然的，最后反法西斯的胜利也是必然的，事实上，这仅仅是对已经发生并且完成了过程的“总结”，如果战争还在继续，谁能说结局“一定”或“必然”如此呢？

一个人，他可能付出了爱因斯坦一样多的努力，但他并不“必然”发现相对论，甚至对于爱因斯坦本人来说，也是如此；一个人，可能常在“河边走”，但也并不“必然”“湿脚”；一个人很认真读书写作，但也不“必然”成为知名作家；一个人很努力地健身，但他并不“必然”地长寿……

由于这一实际情形的存在，有一个词，愈来愈受到人们的注意，那就是“机遇”。这是一个非常值得细心品味的词。它本来是机会或偶然性的意思，但是，却又包含着“抓住”“发现”等等主观要求的意思。机会，本身是客观的，有的人抓住了，有的人可能熟视无睹，与之擦肩而过。对于前者，机会变成了机遇；对于后者，机会则失去自身的全部意义或自身应有的规定性。

敢于并善于抓住机遇的人，不言命运；消极被动或盲目等待机会的人，总是怀才不遇般地抱怨命运的不公。这就是弱者自我安慰的决定论和宿命论哲学的全部秘密之所在。

由中国共产党领导的中国新民主主义革命，曾经屡遭失败，其实，领导革命胜利的机会曾经给过陈独秀，给过博古，给过王明，甚至给过张国焘，但是，他们或者与之擦肩而过，或者坐失良机，总之，“机会”没有成为“机遇”，“机遇”似乎又总是那样的来去匆匆，稍纵即逝；大浪淘沙，历史不相信眼泪，在巨大的历史洪流面前，个人的“命运”只属于看起来十分偶然的变幻莫测的机遇。人们可以悲伤，可以诅咒，可以抱怨，但是，这一切却不能改变历史本身，不仅如此，换句话甚至可以说，正是因为人们自己的行为和选择，才让历史成为那个真实过去了的历史。

抱怨，是弱者最常使用的表达方式。

关于弱者，并没有统一的定义，正像强者没有确切的含义一样；而在实际生活中，强者弱者更是水乳交融难分你我，没有明确的界线，更令人难以捉摸的是，一个具体的人，在不同的时间、地点或不同的条件下，强弱的表现也会变幻莫测，没有人们想象中的连贯性和一致性，甚至同样的言行，在不同情形下也可以大相径庭。

正如不能指鹿为马一样，强弱之间毕竟还是有一定界线的，判断这种区别的一个重要标准就是，对于生活的态度，强者总是在感恩，而弱者则习惯于抱怨。

将这种“抱怨”包裹起来，并使之冠冕堂皇的最大文明成果是，人类构想了对公平和正义的要求。因为，如果没有“文明”的偏见，人们的确不能从自然本身发现人们所期待的“公平”或“正义”。在自然界，虎要吃肉，羊要吃草，弱肉被强食，这里没有是否正义或公平的问题；没有因为扑食场面过于血腥的理由，而让“造物主”出于公平的良心，决定改变自然的程序，从今往后让虎狼们改为吃素。在自然力量面前，羊羔们，弱小的生命们，没有“抱怨”的机会，没有可以伸张“正义”的法庭，没有那些所谓“说理”的地方，生存或者死亡，只有一条出路，将自己拼搏或逃亡的力量最大限度地发挥出来！

如果可以说“命运”，那么，或许这就是“命运”！

不过，人类文明制造的悖论却似是而非地将一切颠倒过来：强弱的对峙是命运的不公；平均主义式的“正义”才合乎逻辑和理性的生存机制；弱者的“失败”可以归罪于强者的“成功”；“劫富济贫”应当是文明社会或社会文明的基本运转机制……

一顿饭，有的人需要十个烧饼，有的只要两个就饱了，“公平”和“正义”的做法是，每人都分发五个，结果可想而知，撑的撑死了，饿的饿死了……面对被精心包装起来的文明和“道德”，尼采嗅到了另类的血腥，他生气了，于是告诉大家，你们是一堆挤压纠缠在一起的蛆虫，你们是弱者，你们应当学习孤立翱翔的雄鹰，应当依靠自己坚强有力的翅膀独立遨游！

没有既定的命运，那只是托词，只是借口，是没有依据的抱怨。社会和历史不相信眼泪，因为生存不相信眼泪。

丢掉幻想，放弃依靠，相信自己，抓住机遇，矢志不渝，是改变自己“命运”和创造自己“命运”的唯一坦途。

11. 砸碎自己的精神枷锁

人们为了精神和生存的自由而“上下求索”、苦苦追寻，结果却与预期目标越来越远；期望的越高，失望得越多；获得的“自由”越大，欲罢不能的“限制”也越大。

自由、轻松而洒脱地生活着，因为没有什么比砸碎自己的精神枷锁更为痛快的了。

自己自主地支配自己，是自由最初的含义。支配自己的什么？贴切地说，最初大概是时间意义上的，就像英语里所说 I am free，直译成汉语你可以说是“我现在是自由的”的意思。其实，熟悉英语的人们当然知道，英语的这句话并不能作此直译，因为，它事实表达的意思仅仅是“我现在有空”的意思。时间上“有空”当然是一种自由或自由的一种，不过，它还远不是自由的全部，与人们内心里期待和向往的“自由”相比，还有蛮远的路程要走。

总体上说，自由或者不自由，是“对象性活动”的产物，因为，并没有一种真实而纯粹的可以称为“自由”的状态。所谓的“自由”，都是具体条件和环境下针对性或比较性的结果。看着鸟儿“自由”地飞翔，人们觉得插上翅膀该多好；相形之下，没有翅膀就是一种不自由；比照健全的人们，残疾人觉得了自己肉体上的不自由；瞅着富豪们挥金如土的生活，贫民们感受了经济生活的不自由；身陷囹圄的人们，更是伸长着脖子，遥想着空间上的自由，尽管他们可能在时间上比别人拥有更多的自由或“空闲”；一旦业务繁忙，事务缠身，东奔西走，大概又滋生了时间上不自由的感慨……

追求自由，是反抗限制的一种叛逆方式；不过，这种反抗的结局常常与人们的初衷存在出入，甚至南辕北辙。有首诗说，“生命诚可贵，爱情价更高；若为自由故，两者皆可抛”。尽管诗词之类的文艺作品，一般不能作望文生义的解释，不过，这首流传广泛的诗歌，却似乎的确在告诉人们：获得自由的难度系数异乎寻常地高，甚至比获得生命、爱情还要高。当然，人们无法想象没有生命的“爱情”，同样也无法想象没有生命的“自由”。不过，人们通过这一艺术夸张语言，可以在生命、爱情和自由之间，领会某种意义的比较和递进的价值关系。它暗含着这样的潜台词，如果人生没有自由，那么，生存甚至不如死亡；自由，拥有最高的生命价值。然而，向往自由与获得自由，毕竟是两种完全不同的精神状态，于是，如何地获取自由，成为智慧追问的永恒话题。

叛逆或超越限制，方式是多元的。比如说，为了脱贫致富，有人勤劳致富，有人抢劫盗窃，不过，这些区别还只是表层手段上的区别，更为深层的区别是，精神上对待财富的态度和心理需求状态。换句话说，在精神层面上，人们既可能是一个疯狂的拜金主义者，也可以是一个甘于清贫、清心寡欲的禁欲主义者；然而，无论如何，只要现实的感性目标存在，精神自由就永远是一句空话，因为，感性目标永远是一条现实的绳索，将人们的精神视线牢牢地拴在自己身上。

佛教徒们可以说，我们没有了俗世的念想，四大皆空，六根干净，因此，心如明镜，精神自由。然而，即使没有了俗世的欲求，欲望还是有的，比方说，对西方净土的向往，对长生不老的渴望，这些不仅是欲望，而且是更大的欲望；这些现实目的依然是感性的，依然是拴住精神的绳索；与一般的俗人相比，教徒的区别只是“俗”的方式不同。

对自由的向往和追求，导致了两种完全不同的结局，一是精神上某种程度的解放，另一种则是追加精神上的负担。结局的不同取决于精神所理解的“自由”的本质：前者将“自由”领会为精神的安适，后者则将“自由”归结为某种或某些现实目标的实现。精神的安适，并没有固定且大家一致点头的标准，它是一种纯粹属于主体的内在心理感受，比如说，对于开车的驾驶员来说，其中一些人认为，交通法规是对自己驾驶行为和精神自由的一种限制；另一些人则认为，交通法规是我安全驾驶和安全交通的保障，它对某些行为的约束恰好是为了给我更大行为自由，因此，遵章驾驶不仅是一种自由行为，而且是精神解放的必要途径。

然而，一旦将“自由”归结为某种现实“目标”的实现，情形就发生了根本的改变。是的，对一个正在挨饿的人来说，一碗红烧肉的诱惑力绝对大于他对尊严和名誉的渴望；不过，一旦他将战胜饥饿的“限制”作为某种程度的精神自由目标时，那么，他会连绵不断地陷入新的“限制”，这种“限制”将是一个无限的序列；每一次“限制”的解除，每一次获得的“自由”，都不可能是一劳永逸的，吃着红烧肉，可能想着红烧鱼，接着又盯上了油爆河虾，还有海鲜等等。吃饱喝足了，念想便更多了，名誉、尊严、爱情、地位等等，面前将是一个无边无际、没有彼岸、无法跨越的海洋。

在生活中，这类的“自由”有一个基本的语言公式，那就是，“如果……，那该多么美好啊！”以此方式填词造句，便是这种无休无止的精神要求的结果。

与其说这是一个追求“自由”的精神解放历程，远不如说，这是一个类似于追赶地平线的精神折磨过程。这一过程类似一个怪圈，是一个生存的悖论：人们为了精神和生存的自由而“上下求索”、苦苦追寻，结果却与预期目标越来越远；期望的越高，失望得越多；获得的“自由”越大，欲罢不能的“限制”也越大。

二十世纪八十年代，“万元户”寥寥无几，屈指可数，成了多数人的眼馋对象。时光如梭，“万元户”很快便被挤出了富人的队伍，百万富翁、亿万富翁层出不穷……这是一个财富的急速膨胀过程，也是一个精神急剧变化的过程。表面上看，物质财富的丰富在生活上帮助人们从贫困中“解放”出来，然而，从精神层面上，人们似乎如梦初醒，发现自己正日益加速地陷于物欲的旋涡，一种异己的力量驱使着自己不可逆转地奔跑于没有真实终点的跑道上；难怪，一些人早晨醒来，惊异地发觉，自己“穷得只剩下钱了”！

其实，任何具有生命力的文化，都在一定程度上拥有反馈和纠错的自我调节机制。这一“调节机制”在一定程度上阻止了人们在偏执的道路上越跑越远。文化的进步带来了物质财富和社会面貌的增长变化，也带来了新型的精神问题和疾病；通过自我审视，人们开始发现，从某个角度去获得“自由”，很可能是在另一些方面失去自由，“得不偿失”，“欲速则不达”，“顾此失彼”，“物极必反”等等万古常新的说法，都表达着这样的发自内心的叹息。

于是，那被抑制于文化底层的声音终于再次在人们的耳畔响起：自由不是摆脱限制，不是游离于限制之外，也不是持续地向外获得什么的过程。自由，是对限制的理解、认识和利用，荷兰哲学家斯宾诺莎说得好，自由是对必然性的认识！中国古代智慧更直截了当地告诉人们，自由，是建立在对自然（世界本来的样子或本性）的尊重基础上，并符合这一本性的生命活动。老子所说的“人法地”、“道法自然”，是这个意思，荀子斗胆说的“制天命以用之”，也没有超出这个意思，不过，前者的重点放在“效法”或“服从”上，后者则强调对自然的“利用”上。

这一思维逻辑断断续续、或明或暗地在时间上延续了数千年，既得到了实证，也受到了挑战。因为，所谓的“必然性”或“限制”永远是无法最终确证和无法把握的流变状态。它们本身只能是某种意义上的经验性的概念，并不具有其字面上要求的普遍性和客观性，也就是说，当人们感到了某种自己不能左右的“限制”力量时，通常把它称做外在的“必然性”，古人说“天行有常”，指的便是这个意思。然而，那些被人们看做不能改变的异己力量，并不是真的一定不能改变的，它会因为时间、地点和条件的改变而改变，譬如说，人们形容某件事情困难程度很大，经常说这“比登天还难”，实际的意思是，登天是不可能的，然而，今天人类的活动已经挺进到了外太空，真的“登天”了，不可能的事情成了感性的现实，于是，此前的不可改变“必然性”原来只有“或然性”的意义。

“海底捞针”，过去是不可能的，今天是可能的；

“嫦娥奔月”，原来只是神话，今天成了现实；

“千里眼”“顺风耳”等等，纯属虚构的“妖法”，今天成了尽人皆知的方便实用的普通通讯工具。

……

二十世纪最伟大的科学家爱因斯坦的最伟大贡献，并不在于他创建了相对论的理论，而是这一理论导致的相对主义的思维方式，这一思维方式的逻辑结果是，没有绝对的“真实”，没有绝对主义思维方式得以立足的“必然性”，因为，即使是人们赖以理解“世界”的时间和空间，也并不是匀速流逝和均匀分布的，既然如此，“命运”、必然性等等仅仅是为传统绝对主义所固执的偏见。

就像牛顿的机械力学导致的绝对主义思维方式曾经浸染了人们几乎所有的精神领域一样，爱因斯坦理论所引发的相对主义思维方式也导致了人类精神世界的“转向”。甚至，一切科学赖以建立和验证的数学几何原理，那些曾经被认作永远不可能改变的必然性的“公理”，也由于非欧几何学等科学理论的提出而能成为只有“或然性”的意义。也就是说，两点之间的最近距离并不是在任何条件下都“必然”是一条直线，三角形的内角和也并不“必然”是180度……

如果连上述类似于1+1=2的公理都有疑问，那么，还有什么能称得上普遍有效的“必然性”呢？那种以必然性为依托的“自由”又从何而来呢？换句话说，当人们将仅仅具有或然性的东西伪装成必然性时，与其说精神获得了解放和自由，不如说，精神又为自身套上了一重新的枷锁。

“自由是必然的认识”，这一人们熟知的论断，既是经验科学思维的产物，又由于科学划时代的发展而夭折。

马克思是伟大的，他被称做是改变二十世纪人类命运的“三M”（其他的两位，分别是马尔库塞和毛泽东；不过，也有另外不同的说法）之一；作为一个普通的劳动者，马克思生活得非常的不自由，这一境遇加剧了他对自由的渴望和思考。马克思的所有理论都围绕着一个目标：人的自由和解放。与历史中其他思想家

善待生命 善待自己

不同的是，他的“自由”理论是独特而天才的。

按照马克思的理解，任何的生命形式，花鸟虫鱼，鸡犬鸭鹅，都有自身的“种的尺度”，它们都按照这种先天获得的“本领”生存和“生产”。你看，蜜蜂“生产”的蜂巢是多么的精致而结实，那一个连着一个的正六边形的巢穴，既能最大限度地利用空间，又十分的安全舒适，在它面前，人类最伟大的建筑师也不得不惊叹臣服。可是，无论蜂巢有多么的精美，蜜蜂永远无法跳出它所属的那个“种的尺度”去进行“生产”，所有其他的生命形式也概莫能外。因此，对于这些生命而言，它们的生命“自由”只能局限于它的“种的尺度”之内。失去了天空，鸟儿失去了“自由”；离开了水，鱼儿也没有了“自由”……

有一种生命形式——人类，是唯一的“另类”。人类是唯一可以按照“两种尺度”来生存和生产的生命。一种是人类自身的“种的尺度”，另一种是“所有其他生命形式的种的尺度”。也就是说，人类可以跳出自身这一“物种”的局限性，可以通过劳动将自身从“类”的片面性中解放出来，可以通过日益丰富的实践形式和实践内容，来改变环境和改造自身。人的“自由”，不是救世主恩赐的，不是遗传获得的，而是来自劳动实践。比如说，就单个的人来说，由于你有了艰苦的游泳实践，于是你获得了水中鱼儿般的自由；你有了长期的钢琴训练的劳动，你的十指获得了他人没有的灵活“自由”……

当然，限制人类自由的异己力量与人类追求自由解放的力量，一直在针锋相对地较量着。异己的力量既有自然的，更有社会的。改造自然和改造社会的艰苦历程，正是跋涉的人类通向解放和自由的道路。

在现代西方思潮中，马克思的“晚辈”和“继承者”们，哪嘟囔囔，开始了对老祖宗的抱怨和指责，大致是说，马克思并没有跳出时代和历史的局限，他的理论核心依然是决定论的，而新的时代却呼唤着“非决定论”。

本来，对于智慧，评价和鉴别是可以的，但是不能随意戴帽子，不能张嘴便是谁对谁错。就像艺术作品一样，不能因为有了画家毕加索的作品，而指责说，达·芬奇的画是“错误”的；不能因为欣赏了“命运交响曲”，而指责“春江花月夜”是“不正确的”。文化的多元本来就是文化本身的应有内涵。

马克思是不是决定论者并不重要，重要的是他的确告诉人们，自由，是一个过程，是建立在实践基础上，人们在越来越大程度上按照“两种尺度”进行生产和生活的过程。

从某种意义上说，现代思潮中的“非决定论”的理论价值，在于它号准了现代社会的脉搏，从而更多地关注个人的心理感受。其理论内核在于强调意志的“自由”。

正如前述，非决定论断言，人与其他物种的区别，在于人的生存和生活，并不是“先天”地被决定好了的，而是“后天”自我选择的结果。

掌控人生状况的最终力量是“自由意志”（You are sentenced to freedom!）“自由”，并不是人们苦苦追寻的理想或“对象”，恰好相反，它是人类生活的一个本质规定，是内在于人而不是外在于人的。人，不是缺少自由，而是被“判决”为承服自由的“无期徒刑”。换句话说，你无时不是自由的，你感到不自由，不是没有自由，而是因为你惧怕自由，你在逃避自由。称自己是不自由的，是被动的，是受外力限制的，这些仅仅是你的借口。自由的根据是“意志”，“物”的“意志”是先天决定的，是自发的，就像蜜蜂本能地建造蜂巢，而人类“意志”则是自主而自觉的，是主体的选择行为。不过，当人们面临选择时，因为经验预测和心理预期等等因素，往往会遵循逃避责任或避重就轻的原则而做出“短视的”选择。

这个“世界”，因为有了“第一次的推动”，它成了一个彼此连动，相互作用，不断前进的“过程集合体”，生存或是死亡，是它唯一的最终原理；任何生命形式，能够继续生存的理由只有一个，它还处在“前进”的阶段，人类也是如此。相比之下，大熊猫之类的“命运”则明显糟糕许多。就个人而言，对“自由”的“追寻”可能是一副沉重的精神枷锁，但是，为了“前进”，勇敢地将每一次的人生抉择自主化，敢于承担由此而来的所有责任。自由，则不是虚无缥缈的理想，而就是生活本身。

自由、轻松而洒脱地生活着，因为没有什么比砸碎自己的精神枷锁更为痛快的了。

12. 箭能成功地击发，是因为弓给了它必要的张力

弓箭的发射，依赖的却是一种肉眼看不见的原理：张力！

任何健康生命的生存，都依赖于相应“天敌”的存在，而“天敌”自身的生存，又取决于它扑食对象的“繁荣兴旺”。

弓箭的发明，无疑是一次重要的军事革命。它可以在敌人还没有看清自己的距离外，打击敌人。今天战场上枪炮的使用依然是这一思路的逻辑延伸。当然，就杀伤力而言，两者不能同日而语。不然，也就没有枪炮的发明和使用了，道理很简单：人类绝不会先发明计算机，而后发明算盘。不过，可别小看了弓箭，枪炮制造所依赖的是火药爆炸原理，而弓箭的发射，依赖的却是一种肉眼看不见的原理：张力！

张力，还必须是必要的张力，才能将箭成功地击发。张力过小，箭无法发射；张力过大，弓弦可能折断。究竟多大的张力是合适或必要的呢？历史并没有提供一个随时随地可以套用的计算公式。

有心栽花花未开，无心插柳柳成荫。在中国历史上，张力，至少给了两个伟大的历史人物以重要的精神启示，从而影响并左右了后来中国文化。一位是孔子，另一位是比他早些的老子。

晚年的孔子，功成名就。有位砍柴的农夫请教其成功的心得。孔子略微踌躇，而后反问农夫，一根柴火怎样最容易折断？农夫说，从中间折断。孔子说，这就对了，人也是如此，为人处世要掌握一个基本的尺度，那就是，牢牢地把握“中间”，过头不行，不足（不及）也不行，过犹不及，“君子时中”。

“中庸”之说于此有了源头。后来成了书，名曰《中庸》，据朱熹的考证，是孔子的孙子子思的大作，子思抓住了他爷爷的思想精髓并将其发扬光大。这本书成了中国知识分子的必读书和科举考试的必考课，也成了中国人为人处世和自我修养的标准和尺度。

什么才是“时中”？围绕这一问题，善于舞文弄墨和微言大义的历代学问家有众多的解释。不过，有了“张力”理论之后，这一问题便迎刃而解了。君子为人，应当张弛有度。比方说，“勇敢”是美德，过头了就发生了性质的改变，成了“鲁莽”；不及也不对，也发生了性质的改变，成了“懦弱”。“节俭”是美德，过头是“浪费”，不及是“吝啬”。其他各式各样的美德皆可由此类推，概莫能外。中庸之道，说穿了，便是张力原理的生活运用。

在生活中，多数情况下，人们是处在“过头”或“不及”的状态。比如说，忙工作，忙学习，忙赚钱，忙上网……社会的主流价值观念又推波助澜，鼓励这种“忙”。经常有新闻说，某某累死在工作岗位上，某某带病工作，“与时间赛跑”，等等；说者有意，听者有心，他们自然成了大家学习和效法的榜样。

有位朋友从澳大利亚回来，兴致勃勃地说，在澳大利亚，住在城里的基本上是中国人，澳大利亚本地人去了乡下和海边，华人工作拼命，开的是豪华轿车。本地人呢，工作起来，三天打鱼两天晒网，挣了几个钱便出去旅游了，钱花光了，又回来“上班”，挣几天钱，领了薪水，接着又查地图，准备着新的旅行路线。中国人干活卖命，为了赚钱，不舍昼夜，加之善于理财，钱自然越挣越多，可怜那些老外呢，跑来跑去，颠沛流离，永远是穷光蛋。

听着，听着，我倒纳闷了起来，这孔子到底是澳洲人呢，还是中国人呢？澳洲人的“中庸之道”怎么学得如此的好呢？

我有位同学，以前是单位的科长，应酬不多，生活起居井然有序，锻炼身体持之以恒，身体相当健康。两年前，官运亨通，升了处长，应酬多了，围着三张桌子转，酒桌、牌桌、办公桌。人说，士别三日，当刮目相看，一点不假，如今这位处长，腰围三尺五，净重两百多，各种疾病纷至沓来。他感慨地说，真是得不偿失哟！

流传已久的“狼医生”的故事同样耐人寻味：

在一个孤悬海外的岛上，生活着一群狼和一群鹿，狼总是追着鹿奔跑，掉队的鹿就不幸成了狼的盘中餐。有位善良的猎人目睹了这一血腥暴行，为了制止悲剧的再度发生，他将群狼赶了出去。狼没有了，鹿过上了安逸幸福无忧无虑的生活。水草丰美，环境旖旎，没有了危险，鹿们开始了饱食终日悠闲懒散的生活。可是，接下来发生的事情完全出乎猎人的意料，鹿群不仅没有因此而种群增大、健康长寿，而且开始患上肥胖症、高血压、糖尿病、脂肪肝等各种各样的“富贵”病，寿命加剧缩短，种群开始萎缩，生命愈益脆弱。善良的猎人无可奈何，只好将狼请了回来。狼来了，鹿又开始奔跑起来，尽管狼吃鹿的悲剧天天发生，鹿群却在整体上壮大起来了……

透过这个故事，可以了解自然本身的“辩证法”：

任何健康生命的生存，都依赖于相应“天敌”的存在，而“天敌”自身的生存，又取决于它扑食对象的“繁荣兴旺”……在天敌和“食物”之间存在着看不见的“默契”，这一“默契”是两者都得以存在和发展的先决条件。这种“默契”就像一根看不见的绳索，张弛有度地将两极“敌对”的关系牵制在有机的联系之中。

“张力”无所不在。

人生里，健康、财富、名誉、地位等等，对人自身的意义或价值，并没有客观的尺度，而取决于人自身的心理状态，赋予这一切以最高价值的还是那个取舍之间的“必要张力”。

“君子时中”，告诉人们，所谓的“君子”，不能简单地被人们当做道德楷模，而同时应当还是智慧的生存方式。

老子，是中国历史中最高的智者之一。他旗帜鲜明地断言自己的理论来自于对自然的观察和领悟。“人法地，地法天，天法道，道法自然”，说出了他的智慧精髓。

“自然”本身又是什么？

在老子的视线中，自然之所以周而复始、井然有序、和谐共生，是因为它符合最高生命准则，这就是不亏不盈。也就是说，生命是事物成长阶段的象征。不成长（亏），是死亡；而到了一定阶段，成长停止了（盈），也是面对死亡。比如说，一棵树，如果夭折了，固然是死亡；如果长得非常高大，并且不能再生长了，也是死亡的开始。

“人法地”，人生的境遇与自然是一致的。自然中，一切表面上强大的东西都是死亡的开始，因此本质上是弱小的；相反，一切处于成长过程而表面弱小的东西，本质上却是强大的。因此，为了更好地生存，应当学会虚心守雌、示弱退让、随遇而安、以柔克刚，而不是针锋相对、咄咄逼人、争强好胜、恃强凌弱。

老子的智慧，同样是因为他在强弱之间、盈亏之间、成败之间、进退之间领悟到了某种辩证的联系，某种“必要的张力”。

上善若水。表面看，水，在各种自然事物中最为柔弱，其实不然，任何刚强锋利、所向披靡的器物都不能改变水的本质。相反，水在各种所谓强大的事物面前，因势成形，随遇而安，绵延不断，更有甚者，它还能滴水穿石，以柔克刚。水的特性，正是盈亏、强弱之自然辩证关系的最好写照。

中国传统文化中，因此衍生了类似物极必反、祸福相依等等不受时空限制的不朽智慧。

其实，即使在以非此即彼为认知特征的早期西方理性主义文化中，仍然暗含着“亦此亦彼”的“中道”智慧。亚里士多德便是其中杰出的代表人物。从对待传统文化的态度来看，亚里士多德试图在各种对峙的思想之间，寻找某种“结合点”或思想的“共识”。在他来看，没有绝对势不两立的完全对立，黑与白是对立的，但恰好是相互佐证的“对立”；“存在”与“非存在”是对立的，但同时也是因为两者相互比照的关系，而获得了各自的“本质”，从这层意义上说，两者又刚好是相互依存的。

亚里士多德说，“美德即是中道”。这是一个具有重大精神价值的论断！什么是“美德”或“至善”，曾经是他的老师柏拉图以及他的师爷苏格拉底的最高理论命题，遗憾的是，无论是师爷还是老师，都没有令人信服地回答这一问题，难怪苏格拉底曾经自我解嘲地说，“神派我来为智慧接生，却禁止我生育”。亚里士多德一个伟大发现就是，任何具体的行为，都不能离开“量的限度”来判断它的性质。所谓“量的限度”就是“中道”，也可以解释为两极之间的“必要张力”。譬如说，“节制”，是不是“美德”，完全取决于它是不是“浪费”和“吝啬”之间的中间状态；“聪慧”，是不是“美德”，也完全决定于它是不是处于“愚笨”和“狡诈”之间的中间状态；各种美德，均可以由此类推。

所谓“中道”，也并不是一个绝对的可以随处套用的机械公式，它仅仅意味着人们对待生活的那种不愠不火、张弛得体的态度。比如说，“发脾气”，是不是美德？那应当视具体情形而评价，面对丑恶的人和事，“发脾气”，也是一种美德，而“和颜悦色”反倒是一种丑陋的献媚。

亚里士多德，将“中道”思想作为一种逻辑，贯彻于精神的多重领域。与他的老师试图将原始“共产主义”的幻想实践为国家不同，他认为，国家的“正义”，同样取决于它是否符合“中道”原则。比如说，谁担任统治者合适？暴发户不行，赤贫阶级也不行，因为，作为社会关系的两个极端，一旦掌权，将是引发社会动荡的根子，只有中产阶级最为合适，它既不欺贫，也不惧富，还可以成为两个极端之间的调停者和仲裁人，是社会的中坚力量和稳定核心。

就个人来说，亚里士多德不仅处处保持着“张力”原则，而且反复告诫说，人生最大的幸福是“理性的沉思”，而这一幸福的源泉正是将灵魂与肉体、理智与情欲等等生存矛盾调谐一致，使之相得益彰。

六十多年前，毛泽东坐在窑洞里，面对西方记者，镇定自若，侃侃而谈，妙语连珠，出语惊人，那句著名论断震惊中外：“美帝国主义及其一切反动派都是纸老虎！”要知道，当时，他以及他领导的中国共产党人，面对的是武装到牙齿的八百万军队的强大对手，对手的后面，还有盛气凌人的美国人。那般威风，一般的人可能心寒胆栗，闻风而怯。当然，毛泽东的这般自信，不是空穴来风，亦非自我壮胆，其深刻的依据来自于对历史和社会的深刻而周到的辩证理解。纸老虎也是可怕的，因为它具有老虎的模样；它又是虚弱的，因为它是纸做的。美帝国主义及其反动派“是强大的，但由于逆历史潮流而动，因而为正义的力量所反对和唾弃。过于膨胀的“张力”，同样是自我毁灭的力量。在强大和弱小之间，由于跳出了那维系“中道”的“量的限度”，所谓的“强大”，自然是强弩之末，明日黄花，跳不出灭亡的历史命运。

这是中西方智慧的一次成功运用，历史实践证明了它的远见卓识和它的真理性。

这从一个侧面提示人们，无论是个人的生命实践还是社会实践，把握好必要的张力，是如何的重要。

13. 一切都处在流变之中

由于意识到自己的独立存在，人生才有了人格、尊严、荣誉等等属于人的东西，才有了“生活”的意味，才具有某种意义上的意义和价值。

晋代时，有个和尚，八九岁时出家，到了五十多岁，年迈体弱，决定还俗回家。于是他踏上了回家的路，走到家乡门前的一座山上，他坐下来休息。他眺望着自己当年走出去的那个山村，摸着光秃的脑袋，不禁疑惑了起来：我是谁？当年的那位从这里走出去的八九岁少年就是今天又重归故里的老和尚“我”吗？我是那个八九岁的少年吗？冥思苦想了许久，终究，老和尚还是想不出个明白的结论。

是的，如果能分别把老和尚和那八九岁的少年摆在一起，作一番比较，那明显是不同的两个人；可是老和尚的“记忆”又明确告诉自己，“我”的确曾经是那八九岁的少年……

万物都在流变，人也是如此。

面对奔流不息的河水，先智们发出了“逝着如斯”的深沉叹息。是的，领会到一切都处在流变之中，是生活的一条基本智慧。

看待“流变”，有两个基本的视角，一是从整体上看，整个世界，整个生命现象都在运动变化，并且是沿着低级到高级、简单到复杂、无序到有序的基本方向发展，于是可以说，前途是光明的；另一个角度是从个体的视角去看，任何的个体生命的轨道都像一条抛物线，首先沿着上升的路线走，到了至高点，就开始了下落和死亡的历程，因此，个体生命无论如何的千差万别，前途却是共同的，都必须面对真实的死亡。

如果从自然的意义上说，任何的生命个体本身是没有特定意义的，因为，它没有独立的存在，它之所以作为个体而存在，仅仅是因为，它是整体生命的一个部分。

一群狼，正在追逐着一群羊，狼并不急于轻易下手。终于，羊群在狼群连续的追赶下，队伍开始出现了分化，老的、弱的、病的，等等开始掉队。狼开始了扑食，老弱病羊成了狼的美餐。自然界的其他扑食场面，在基本原则上，与此基本雷同。老弱病的生命被整体淘汰出局，换取更强大的种群的生命延续，换句话说，个体的及时和必要的牺牲是个体的意义，个体的“死亡”也意味着更高意义上的“生存”。这是自然“发展”的一个基本规则。

在许多生命物种中，一旦生殖任务完成，成年的“父母”自发死亡，不再与新生的生命争夺食物和空间，由此演绎出许多令人汗颜的生命绚丽篇章。对生物而言，没有所谓的个体“生活”，只有物种整体的生存和生命的延续。个体只有从这一终极目的里获得“自己”的全部意义。

人的生命方式则与此大相径庭。有一则笑话或许给人们一些启示。

有两位游客在森林里探险旅游，突然，窜出了一头壮硕的黑熊，两人惊恐万状，其中一位迅速冷静了下来，立刻系好鞋带，准备逃跑。另一位疑惑地问他，“想跑？你能跑得过熊吗？”这位胸有成竹地回答说，“是的，我的确跑不过熊，但我能跑过你”……

以个体的“自我”为中心和目的，成为人生活的一条基本生存原则。

人的生存方式与其他物种的不同，源于一个基本事实：“自我”和“自我意识”。

让话题重新回到那位晋代和尚。老和尚的困惑，来自于自我对自我的意识。其实，一个人，可能生活在人生的不同阶段，有不同的社会地位，扮演不同的角色，换句话说，从自然面貌到精神世界，都处在变化之中。可是，就像风筝无论飞得多高，都没有逃出攥着牵引它的线的手，个人的一切变化也没有离开自我意识，甚至可以说，个人的一切言行都最后受制于这个看不见的“自我”。

有人说，比大地宽广的是海洋，比海洋宽广的是天空，比天空宽广的是人的心灵。从特定意义上说，这无疑是准确而深刻的。仔细推究起来，还可以发现，心灵，人的精神世界，之所以宽广，是因为它可以包容无穷的“对象意识”。所谓“对象意识”，是用来区别“自我意识”的，是指人们关于外部世界（认识对象）的认识或意识。但是，一个人，拥有怎样的对象意识，拥有哪些对象意识，都必然地毫无例外地打上自我意识的烙印。

比如说，有三个人走进了同一座花园，一位是植物学家，一位诗人，还有一位哲学家。游览完了，相互交流游览心得。植物学家说，这花园的植物太丰富了，很有研究价值；诗人说，这花园太美了，值得歌唱；哲学家说，我看到了生命，领悟到自然的和谐与力量。花园是同一个花园，看客却有三个不同的结论。这从一个角度告诉人们，个人的自我意识实际上随时在左右着他们的对象意识。于是，面对金钱，为什么有的人疯狂攫取，有的人却视之粪土，诸如此类的对立意识，就变得好理解了。

自我和自我意识，是人们思想和行为的出发点和依皈。人们做出某个决断时，通常说，这是不由自主的。其实，这是因为他没有看到自己的自我意识在起作用。事实上，“不由自主”的骨子里还是“自主”的。

“自我”是什么？“自我”，是人类特有的精神现象，是个人相对独立的人生实践的产物。一经形成，就具有相对的稳定性。所谓“习惯成自然”、“江山易改、本性难移”等等说法都包含着上述意思。

“自我”和“自我意识”给人带来了什么？

由于意识到自己的独立存在，人生才有了人格、尊严、荣誉等等属于人的东西，才有了“生活”的意味，才具有某种意义上的意义和价值。如影随形的是，人生的内在矛盾和对立也凸显出来了。

从本质上说，人生的根本矛盾是无法调和的，因此也是悖论，它将人生置于一种两难处境。这些矛盾突出表现为自由与必然、有限与无限等等的对立。

自由是自我意识的本质要求。对自由的要求与人的欲望互为表里，互为因果。自我要求的自由，实际上正是哲学家黑格尔所说的“主观任意性”。这种“自由”是纯主观的、纯个人的，并且无论从深度还是广度看，这一要求是没有终极限制的。这种“主观任意”的自由，本能地拒绝来自任何方面的限制。然而，类似于任何的生命活动，真正的“自由”不能是主观任意的，只能通过对外在或内在限制的理解和利用才能获得。

心理学家皮亚杰做过这样一个简单实验：让一组年龄在四五岁左右的孩子学习下棋。下棋的过程中，当自己的棋子被对方吃了，孩子们都本能地反悔，要求上一步重新下，如此反复不断。结果，没有一盘棋能真正的下完。由于反复悔棋，孩子们相互之间也不再愿意同对方下棋了。六岁以后，孩子们开始懂得，下棋必须遵循“共同”的、“公共”的“规则”，否则就无法进行真正意义上的包括下棋在内的公共“游戏”。

个人的生命活动，也是在类似于下棋的“游戏”活动中，不断强制性地将自己整合于公共的社会生活。生活实践使个人的自由约束在公共规则的范围内。

然而，规则和必然性毕竟是外在的约束，而不是内在的要求。生命的本能一直激烈地反抗这种必然性。

彰显个别性是“自我”的内在要求。自然人可能通过身高、相貌、声音、力量、色彩等等自然因素显示自己的个别性，而“文化人”则可能更多的是通过学识、财富、地位、声誉等等来达到同一目的。个性，既可能是某种程度上动物的“性”本能的延伸，也可以解释为被人化了的个体“自我实现”的一种文化动力。无论是因为前者还是后者，异己的力量，包括外在的自然力量和属于自身的“社会”力量，对个别性不知疲惫且自始至终地实施着强大的压制。反抗这种压制，注定成为“自我”终身肩负的任务。

通过一个人们司空见惯的现象，可以看到人们对自我的个别性要求是何等的强烈。据说是日本人发明了“卡拉OK”。如果不是深谙人性谁能想出这样的怪招：自己汗流浃背的唱着歌，还要掏钱付给别人！

人生好像夸父追日，用今天的话说，类似于追赶地平线。不管你跑得多快，地平线永远在前面，永远可望而不可即。个人，在不断地突破必然性的限制，但他并不能因此一劳永逸地获得真正的自由，相反，他面对的将是更多的必然性限制。佛家说，“苦海无边”，的确意蕴深远。

有限与无限是个人或自我遭遇的更大的悖论。

无疑，个体的存在无论在空间上还是时间上都是有限的。如前所述，由于没有真正的个别性，动物们几乎毫无痛苦地满足于这种有限性。在那里，没有神社，没有宗教，没有一切有关永生的崇拜，甚至没有医生！在那里，物种的持续生存是以个体有节奏按步骤的死亡为必要代价的，换句话说，生存的规律也是死亡的规律！

然而，对人来说，情况发生了质的变化。

个人，我，绝不满足于自己的有限性，无论是空间的还是时间的。今天，日益发达的旅游业，便是一个佐证。人们可以大量地支付自己的财富和体力用于完全没有实际使用价值的旅行“观光”，不能不说是一种完全违背自然规律的行为。在其他生命物种的眼中，这种行为无疑是荒谬的。可是，透视这种“荒谬”行为，却可以发现个人对拓展自己生命空间的渴望。即使是在封闭的自然经济条件下，人们也千方百计地翻越那座山梁，跨过那道河，尝试着看到“另一个世界”。由此，我们不难解释，为什么许多垂死的人临终的愿望是去一趟县城，或者是被人抬着看一看自己向往已久的地方。

人们通常使用统计学的办法来计算自己的生存“时间”。于是，人的一生类似于被死神追赶的猎物。在这场死亡游戏没有结束之前，“猎物”的最大愿望是，如何地跳出被前人无数次重复的被死神追逐的残忍结局。然而，所有的招数都化做毫无意义的奢望！“人生如梦”、“人生苦短”等等叹息，成为任何个人必须学会的终极真理。是的，以个体或自我为目的的生活的确是没有实际意义的，因为，比照无穷无尽的时间和空间，任何个体存在的“时间”，都可以省略为无。

谁能让个体生存的有限性具有无限的意义呢？

走出“我”的这场生存搏斗的悲剧，或者说，让个体真正获得“自由”和“永生”，任何的经验和包括现代医学在内的科学都没有实际的意义。

在人类的灵魂里，只有一种不同于知识的，甚至有悖于我们的“熟知”，能帮助人们走出困境，那是一种新的精神思路或生活态度，因为它同样植根于人性的自我觉悟，所以被称为“智慧”。

比如说，你可以通过立功、立德、立言而流芳千古；

比如说，你可以通过内化必然性而获得自律和自由；

比如说，你可以通过献身于人类共同的事业而获得新生，就像雷锋所说的那样，将有限的生命投入到无限的为人民服务事业中去；

比如说，你可以通过欲望的升华而收获艺术人生；

比如说，你可以融入自然，像所有的生命一样，使自己真正成为自然的一个部分，一个环节；

……

两千多年前，伊壁鸠鲁说，人啊，你不需要害怕死亡！因为，你活着时，死亡没有来临，你没有理由害怕；你真的死了，则已经没有了所谓的害怕！

两千多年前，庄子说，我们经常看到一个又一个的活着的人去死，却没有看见一个死人又重新活回来，为什么，因为，他们不愿意再活回来了！

是的，多么的耐人寻味阿！或许，他们想说的还有很多……

14. 我们无法避免偏见，但可以避免将偏见当成最后的真理

知识必然伴随着偏见，就像人们迈步向前时，为了前进，总有一条腿是落在后面的；偏见，本不可怕，可怕是因为人们对它的坚守；避免偏见，需要人们的精神自省和自我批评的勇气。

知识对人类生活带来的变化，是有目共睹的。这是一个崇尚知识，迷恋知识并用知识来衡量人的价值的时代。知识产权同人的权利一样，得到了法律的保护。

可是，究竟什么是知识？为了理想的生活，人们究竟需要什么知识？“知识”与人们的生活究竟存在着怎样的“关系”？知识就是人们常说到的“真理”吗？

对上述问题的回答，可能不是“知识”本身的问题，换句话说，任何的“知识”，都不可能给予上述问题以最后的为大家所认同的答案。“知识”是一个没有标准含义的概念，是对“知道了的东西”的一个歧义宽泛的说法；并且，它本身并不必然地包含“真实”或“真理”的意思；更重要的是，知识通常和“偏见”纠缠在一起。

一百多年前，中国人认为，天空是圆形的，大地是方形的，这是当年多数中国人的地理知识；西方的地理学知识进来后，才发现我们原来的“天圆地方”的知识不仅是无知，而且还是偏见。

西方医学固执地认为，为了健康，人应当生活在“卫生”的环境中；而传统的中国人则潇洒地宣布，“不干不净，吃了没病”。类似这样针锋相对的“知识”随处可见。太“卫生”了，人的免疫力下降了，结果自然与“为了健康”的初衷背道而驰；太不“卫生”了，病菌病毒肆虐，健康也受到威胁。“抽烟有害健康”，作为法律强制的知识写在每盒烟上，可是烟民们“抽烟有益精神”的知识却让他们对此置若罔闻。营养学家试图把他们的“知识”变成每个人餐桌上的类似中医药方的套餐；而素食主义者则坚信自己知识的真理性：任何肉类的酸性物质都是导致衰老的罪魁祸首。科普读物上今天说，生命在于运动，明天又可能说，衰老的原因是人体的代谢过快，乌龟的长寿应当归功于它缓慢的生理代谢。

现代知识林林总总，五花八门，每一知识都不缺少证明。可是，如果将这些包裹在“知识”外衣的内涵抖开来看，不难发现，任何的知识，尽管不必然包含“真理”，却必然包含着“偏见”。人们经常说，“实践出真知”，“是骡子是马，拉出来遛遛便知道了”，“凡是得到了证明的，就是真理”，等等。其实，“证明”的说法，太容易引起误解了，甚至可以害人不浅。因为，如果你想“证明”自己高大，你只需要找个矮点的参照物，但是，你因此真的高大了吗？反之亦然。英国现代思想家波普说，知识不能由“证明”或“证实”得来，而应当通过不断地“证伪”来提升“逼真度”。一语道破知识的实质。证明的知识只具有某种程度的经验指导意义，而不能作为随处可以套用的公式。

莱布尼茨举例说，一群狼居住在森林之中，每天，它们需要走出丛林寻找猎物。为了安全，它们从来不会到处乱窜，而只会沿着一条它们祖祖辈辈走下来，已经无数次得到安全证明的秘密小路走出来。是的，它们一直是安全的。但是，例外终究还是发生了。一次偶然的机会，这条秘密的“安全”小路被猎人发现了，他们设置了圈套，布置了陷阱，结队而行满怀安全信心的狼们，终于遭到了灭顶之灾。它们由“实践”而来的“真知”让它们付出了生命的代价。

哲学家罗素也举过具有同样意味的例子。西方人圣诞节习惯吃烤鹅。圣诞节一过，主人就购进一只或几只小鹅养着，预备着下一个圣诞节。小鹅来到这个新家，由陌生而熟悉，尤其是它们的主人，每天都坚持给它们喂食，通过大量的“生活实践”，在鹅们的心中，主人是最仁慈、最博爱、最贴心的人类朋友。在这个温暖如春的家庭里，鹅们日益长大，日益肥壮，三百六十天过去了，这天，早上醒过来的鹅，依然伸长脖子，摇尾乞怜地讨好地叫着，等待着主人的喂食，主人却一把抓住了它的脖子，将它无情地宰杀了。可怜的鹅，如果来得及发表临终感言的话，它一定会由衷地说，经验主义真是害死“鹅”啊！

从“知识”的总量上说，鹅也好，狼也好，是无法与人类同日而语的；可是，从“知识”的“证实”这一性质上看，却的确没有什么不同。

一般说来，“知识”的“可靠”程度，“客观”上决定于它被验证的次数，“主观”上则取决于他在人们心中重复的次数。换句话说，对特定的个人而言，越是根深蒂固的经验，越具有更大的依赖感和信任感。就像为了证明自己经验知识的可靠性，老年人经常自信地教育年轻人，“我过的桥比你走的路长，吃的盐比你吃的饭多”，云云。

对知识可靠程度的这种估计所引发的逻辑结局，首先是盲目的历史崇拜或经验崇拜。人们似乎有充分的理由指望，重复发生的事情还会继续发生。守株待兔，之所以被人们讥笑，并不是因为兔撞树的事情没有发生过，而是因为这样的事情极少重复发生。如果每天都能在同一棵树下捡到撞死的兔子，那么，从前被讥笑为守株待兔的傻子，可能会被眼馋为发家致富的带头人了。“酒是陈的香”。中国人称教师为“老师”，实为事有出因。过去，没有现在意义上的学校教育，孩子们能接受的是类似于师傅带徒弟的“教育”，有经验的老者自然成了知识的化身和代表，乳臭未干，顺便成了无知的代名词。即使是今天，病人上医院看病，如果遇到的是一位头发花白、双目老花、满脸打褶的老者，心里便踏实了许多，反之，如果见到的是位满脸稚气、细皮嫩肉的年轻“小白脸”，心里必然是十五个水桶打水，七上八下了。“先生”之所以值得尊重，是因为他“先”出生。

这似乎已经内化为某种程度上人的“本性”，甚至是一切生命的“本能”。让我们一起做个心理学的实验。随便挑选几个人，让他们分别躺着，然后分别暗示性地问他，“你身体哪里疼?”得到暗示的人，尽管客观上并没有疼痛，却分别指认了不同的疼痛部位：曾经得过胃病的指着胃部说，这里疼；曾经受过腿伤的指着腿，说这里疼；曾经有过头疼的，指着头，说头疼。这种暗示性的疼痛，只有一个可以用以解释的原因：“疼痛”的经验。许多动植物似乎也有类似的反应。一群麻雀反复遭到人类气枪的袭击，之后，这群麻雀不需要见到枪，只要见到有人拎着类似枪的东西，就会不约而同地迅速逃走。狗也是如此，因为有过被石头袭击的经历，所以只要人做出蹲下（捡石子）的动作，就会本能地后退回避，逃之夭夭。

美国经验批判主义者，杜威、詹姆斯等二十世纪的重要思想家，将人类知识的本质，解释为动物本能活动的某种意义上的逻辑延伸。这一理论的确是空穴来风。多数心理学家认为，人类的知识起源于经验活动，即使是人类用以构建知识大厦的，具有某种程度“先验”意义的“框架”、“图式”等等，同样是经验活动的“内化”。换句话说，一些被心理学判断为“本能”或巴甫洛夫称为“无条件反射”的活动，表面上看起来的确具有“先天性”的意义，而追根溯源，却依然是人类曾经在长期的生活实践中“学习”来的。中国民谚说得好，“习惯成自然”。“自然”一词，兼有自然界和事物本性的双重意思——有意思的是，英语中的nature，正好具有汉语同样的双重意思——而这里则单指“本性”，具有天赋或先天的意义；而“习惯”则指经验的不断重复，具有“后天”的意义；上述民谚非常贴切地说清了，在“经验”和“先验”（先天）之间，存在着十分肯定的内在联系。“江山易改，本性难移”，“自然”本性的难以改变，是因为以重复经验为基础的“习惯”具有强大的“惯性”作用。在生活中，就“口味”而言，有的人喜欢甜味，有的偏爱辣味，这并不是真正的“天性”，而是通过后天经验“学习”而来的。

特定的经验知识和习惯一经形成，便很难改变。中国成语里的“先入为主，后来为客”，“因循守旧”，“固执己见”，“刚愎自用”等等说法，正是对经验所具有的巨大力量的恰当表达。通过经验知识的分析，可以不难发现，真理距离我们还有多远，而偏见距离我们该有多近！

“盲人摸象”的寓言，几乎妇孺皆知。摸到象腿的盲人说，大象像柱子，摸到身体的说，大象像城墙。人们没有理由指责盲人们说了假话，因为，他们说的都是真话。问题不在于真假，问题只在于是否片面。进一步说，问题甚至还不在于知识是否片面，而在于是否明了并承认已有知识的片面性。如果明白自己知识的片面性，并因此不拒绝对立知识的可能性和合理性，这样的人，可以算做生活中的智者。绝大多数人在绝大多数时候，是根据经验常识生活的。常识之所以是经验的，是因为它源于经验，并不断加固经验。于是，人们的视线和判断力自然趋向于片面和固执。

罗素曾经断言，任何一种生命都天然地包含着“类”的偏见，人“类”也不例外；根据同理，任何个人也必然具有个别的偏见。

庄子干脆宣布，“此亦是非，彼亦是非”。茶余饭后，人们喜欢固执己见地争论不休，争强好胜的青年人更是乐此不疲，甚至还有所谓道理的佐证——“真理愈辩愈明”。庄子可谓深明大义，他息事宁人地说，你有你的是非标准，他有他的是非标准，为什么要强求一律呢？争来争去，并不说明“赢家”代表真理，而“输家”一定错误，即使辩论之间还有裁判，对辩家各打五十大板，也不能算裁判一定正确，只能说在原来的两种是非判断上，又增加了一种新的是非标准。

似乎是为了佐证庄子的理论，美国现代哲学家詹姆斯，给我们打了个比方。在一棵大树下，狗追着松鼠绕着大树兜圈子，现在问你，究竟是狗在追松鼠呢，还是松鼠在追狗？是的，如果抛开偏见仔细想想，下面相互对立的观点都是成立的：狗追松鼠；松鼠追狗；狗和松鼠在相互追逐；狗和松鼠并没有相互追逐，而是各自跑步；狗和松鼠都围绕着大树，学习驴拉碾磨做兜圈子的游戏……

在哲学里，教条主义和经验主义，通常被看做是主观主义的两种基本形态。主观主义的危害根源在于，将无知当成真知；将偏见当做独一无二的真理；将主观判断当成客观事实本身；缺乏根据地宣布与自身对立的知识为错误或“荒谬”。

汉语里，“荒谬”一词本身并没有确定的含义。人们经常将下列几种情形指责为“荒谬”：认知错误，比如指鹿为马；夸大事实，比如，有人告诉你说，他养的家猫，由于伙食好，长到了一百多斤；虚构事实，好比说，农场主宣布，他养殖场里的母猪昨天生了一窝小象；超出人们的知识范围，比如说，颜回告诉孔子说，几十吨重的金属（飞机）可以飞上天，孔子会怎么说？

应当说，人们所说的“荒谬”，并不能被不分青红皂白地指责为“错误”；正是由于人类知识在空间上的不断拓展，由片面而全面，许多曾经被指责为“荒谬”的事情，后来变成了有目共睹的真实。

知识必然伴随着偏见，就像人们迈步向前时，为了前进，总有一条腿是落在后面的。偏见，本不可怕，可怕是因为人们对它的坚守。避免偏见，需要人们的精神自省和自我批评的勇气。旧时，有位先生在《新民晚报》刊登了一篇妙文，该文称，别看众生芸芸，相互差异，其实，分析起来，大致可分四等：首等者，有本事，没脾气；次等者，有本事，有脾气；再次者，没本事，没脾气；末等者，没本事，有脾气。首末两等，凤毛麟角，二三等人居多。

琢磨起来，上述高论，虽然简约，寓意颇深，平凡中见智慧。

有本事没脾气的人，之所以列在榜首，是因为他们不仅有知识，而又海纳百川，不固守一己之偏见；次等人呢，虽然有了一定的知识，有了某种程度的独立思考，但却往往脾气够大，唯我独尊；没有独立思考且人云亦云的人，无一己之见解可以固守，自然是随和而顺从；当然也不排除少数顽冥不化者，主观臆断，偏执顽固，咎由自取。

对经验知识可靠性的过高估计的另一逻辑结局，是对新生事物以及新思维、新观念和新思想的本能抵制和漠视。日常生活中，人们经常提及“知识老化”、“思维僵化”。其实，所谓“老化”的知识，并不能类比为过期的食品，事实上也与一个人年龄老幼没有必然的联系。“老化”的知识还是知识，不能因为取得这一知识的时间早，而宣布它过期失效；而之所以被人们指责为“老化”，本质在于这一“知识”已经四面设防，拒绝接受任何新的知识和新的观念。“思维僵化”也是如此。“僵化”了的思维，并不意味着这一思维已经失去了逻辑能力，真的僵硬死亡了，而是指，这一思维故步自封，失去了创新能力，甚至失去了接受新思维的能力。事实上，生活中，僵化的思维往往不仅没有真的“死亡”，而且，通常具有超常的生命力；而创新思维，则往往像岩缝里的松树，需要巨大的努力才能生长出来。

在《故乡》一文中，鲁迅先生刻画了一个鲜明的人物形象，闰土。少年的闰土，英姿飒爽，机灵勇敢；而作者笔下的中年闰土，却是一个麻木呆讷、昏庸迟钝的旧时代典型的中国人了。两个年龄段，两种人格典型，是年龄的原因造成了这一强烈的反差吗？表面上看是的，而根子却是特定的“文化”。这一“特定的”文化，为作者良苦用心的文章名字，“故乡”，所点破。这里的“故乡”，不能简单地理解为绍兴或某一个具体的地点，而是旧时代所有的中国人的“故乡”，是被中国传统文化所包围的一个虚拟的地理位置。较之西方文化，中国传统文化具有鲜明的经验主义特征，具体表现为历史崇拜、祖先崇拜和“恋父”情结。中年的闰土，正是这一文化雕塑的结果。

意大利政治学家马基耶维里，曾经告诫人们说，杀一个人的父亲不要紧，要紧的是不能掠夺他们的私有财产。这样的言论放到中国来，那就大错特错了！因为，在中国，没有哪种仇恨能超越杀父之仇。面对传统的中国人，拆他的楼房事小，刨他的祖坟事大；没收他的财物事小，让他断后事大；让他逃荒要饭事小，让他改姓换氏事大……隐藏在这一切的背后是，中国人对传统、经验、故乡、历史等等，令西方人难以理喻的深情崇拜。

对于外来的、新生的东西，经验主义文化有两种选择，要么本能地抵制和敌视，要么是削足适履地做出符合自身原则的解释。比如说，面对西方近代文明的侵入，前者犹如晚清荣禄所称，“祖宗之法不可变”；后者有如魏源的高论，“师夷之长技以制夷”。两者貌离神合，殊途同归。较之前者，后者似乎有了某些松动和让步，本质上依然是，在历史和经验的原则立场上，不能含糊，决不让步。在是否虚心“学习”西方近代文明的关键问题上，为了息事宁人，张之洞以中国人特有的智慧，——真实的意思总是被精致的语言严严实实地包裹起来——提倡“中体西用”，意思是说，学还是要学，只要不违背中国文化的根本利益或原则就可以了。这一模棱两可不着边际的言论，留给听众的只能是见仁见智、随心所欲的理解。

与唐僧西去取经的主动态度相比，对待新事物的这种羞羞答答的被动态度，留给经验主义者的历史教训也是惨重的：每一点“进步”和“学习”心得，都是通过多次被动“挨打”而事倍功半地得到的！

于是，经验主义的那句口头禅就变得好理解了："真的，这些知识真是来之不易呀！"

毋庸置疑，知识是人类生活的有益指引，具有明显的实用性。但是，正如我们身上穿的衣服与裤子不仅不相互排斥，而且相互配合一样，知识也是一个动态发展的有机整体。任何有机整体，都一定是各种对立要素的和谐共生。猫的存在，不仅不排除老鼠的存在，反而是以老鼠的存在为前提的。猫鼠是天然的"敌人"，又是相依为命患难与共的"朋友"，因为，老鼠的灭顶之灾也是猫的末日。不同甚至对立知识之间的关系也是如此。

因为，生活中的境遇永远不会完全重复，而是因时因地因为各种条件的不同而不同。固守一元化的知识，将其作为现成的公式随处套用，结果自然是刻舟求剑、自寻烦恼。斯大林说，一切依时间、地点和条件的转移为转移，这一教导说明了知识的"条件性"和"随机性"。对立的知识，不能简单地归结为是非、对错之间的对立；而同一知识也可能因为条件的改变而失去知识的意义。下雨好不好，如果去植树，算是赶上了"好"时节，如果是晒衣服被子，肯定是"坏"天气了。

对待常识也好，对待知识也好，甚至对待科学也好，都需要一种辩证的态度和宽阔的胸襟。关于这一点，黄老哲学（道家）表达得十分到位。老子说，"大成若缺，其用不敝；大盈若盅，其用不穷。大直若屈，大辩若讷，大巧若拙"。

老子，在经验的对立中，寻找到了统一的支点。经验的对立并不是你死我活的势不两立，而恰好是相互依存的双方。因此，一旦回到我们的精神世界本身，老子庄子们告诉我们，恰当的精神准备只有一种：“虚心。”现代汉语里的“虚心”一词，在语意上已经与原意有了较大差异，不过，文化的传承又使之依然保持着必然的联系。“虚心”的本意是指，心灵是一个有限的“空间”，装的东西多了，空间自然会被占领，新来的东西就没有位置了，因此，为了新的知识，心灵应当让出空间，以便为“新的”知识提供必要的空间。这一看起来具有机械唯物主义特色的理论，暗含着一个非常重要的辩证思想：心灵可以由不同的思想或观念占领，换句话说，不同的以至对抗的观念和思想，也可以在同一个空间和平共处。

中国传统艺术，善于以类比的方式，从自然生命形态中，寻找生命的共性。比如说，通过或借助梅花和松树等等，中国人领悟到了生命的顽强和坚韧。中国传统文化对于竹子的赞美，一半是因为它的高风亮节，另一半则是由于它的“虚心”。这种“人化”的艺术，既是传统价值观念的“外化”，又是道德文章的一种形象化的解读。尽管“虚心”的说教不能代表中国文化的主流，但是，却是中国人辩证思维和认知方式的一个突出表现。这种方式相信，任何个人的客观处境永远是井底之蛙，“天外有天”，跳出个人的“成见”远远重要于知识多少本身。

话虽这么说，成见也好，偏见也好，都是人类有限经验活动的必然伴生物。我们只能以自己的“特定”方式来认知世界和自身。我们不能避免这一“特定”，但是，我们可以避免将它“固定”；换句话说，我们无法避免偏见，但是我们却可以避免将偏见当成最后的真理。

之所以需要如此，是因为较之于无知，偏见距离真理更远。

15. 酒和艺术，人类精神新生的助产士

这是空无一人的世界，寥廓寂静，视野无穷，一种从未有过的清新和凉爽扑面而来，没有时间，所以没有流逝；没有空间，所以没有障碍；没有器物，所以可以无限制地升腾起舞；没有监督敌视的眼睛，所以可以从心所欲，无矩可逾。

酒的历史有多长？估计没有最终的答案；艺术的历史有多长？估计也没有最终的答案；如果从人类的精神需求来看，酒和艺术应当具有同样时间的历史，在与人类文明史结伴同行的过程中，酒和艺术相互依存、相互激励、风雨同舟。

忙碌于激烈竞争的现代人，无法揣摩他们的老祖宗们因为什么理由，在食不果腹、衣不遮体的狼狈不堪的生存状况下，居然将宝贵的粮食用于酿酒；他们不好好下地耕种，不好好上山狩猎，居然攀岩凿洞，用粗陋不堪的工具雕刻着看起来毫无意义的壁画，这种类似现代人四五岁时自发的“涂鸦”行为，着实令人费解……

早在希腊神话里，已经有了酒的传说，酒神狄奥尼索斯与众多酒徒总是烂醉于荒郊野外，在诸神里，他总是那样的另类，那样的孤独，那样的与世无争……在中国的古代文化典籍里，很早便将酒与人的精神状态和精神活动紧密联系起来了，饮酒作乐、借酒浇愁、醉生梦死、灯红酒绿等等说法，让人们直观地感受到

酒对精神的催化和激越的作用。

现代西方文化在反叛传统理性主义文化的同时，深情地回想并品味着曾经作为文化暗流的“酒神精神”；它坚信，人类精神只是在表面上才呈现理性或概念的方式，而深层则类似于被大地掩埋的暗河，不过，那是一条无边、无岸、无底并无止的“河”，也可以说，只是“流动”本身；叔本华的“生存意志”，尼采的“强力意志”，柏格森的“生命流动”，都是试图用不同的语言，表达同样的精神感悟，它引发人们对自身精神世界进行超越概念层次的理解和会意；“酒神精神”，正是让人们精神表层的理性和概念进入休眠状态，直接领悟精神的自由、勇敢、无障、无垠、独立、和谐的崭新境界。

理性和概念，当然是文化和文明的产物，它牵引人们离开“野蛮”愈来愈远；与此同时，它也以无法避免的方式肢解着对象和精神自身，更为严重的是，它在充任精神工具的同时，也成为精神自由的障碍，就像感官既是人们感受对象的工具，但同时也必然从深度和广度上限制这一感受；从这种意义上说，文明又是另一种方式的“野蛮”。

酒，具有水一样柔弱的姿态，却有着烈火一样的性格。显然，人类对酒的依恋，绝对不是因为食品意义上的美味或者肉体意义上的解渴；至于它被人们称作“饮料”，则完全是出于食用它的方式原因，而所谓的品尝美酒的“口感”，却完全是因为口味得到“训练”的结果，就像品酒师经历的训练一样。酒只是个笼统的说法或称呼，它对肉体和精神的影响是因为其中的酒精；作为一种芳香型易挥发的物质，酒精被食用后，能迅速被吸收并进入血液，对神经及神经中枢产生意想不到甚至是妙不可言的作用。

中国古代执行死刑前，有让犯人喝下大碗烈性酒的传统，这是一种非常“人道”的死法，因为在酒精的作用下，恐惧和绝望，得以迅速化解，面对死亡，感觉不过是出差或到某个陌生的地方溜达溜达……希腊人更绝，直接让死刑犯人喝下含有毒药的酒，将死亡包裹在“美味”里，让生与死获得了高度统一；这似乎更“人道”些，因为免去了刽子手凶狠的模样和大刀上闪亮的寒光，可能对犯人心理造成的不必要的精神负担。

似乎也是出于同样的考虑，一些国家是禁止饮酒的，比如阿拉伯国家，如果没有禁止，“肉体炸弹”估计可能成几何级数增加；另一些国家则禁止未成年人饮酒，可能是因为它们汲取了类似希特勒啤酒馆政变上台的历史教训；随着酒后犯罪的增加，中国未来也有可能对公民饮酒做出某种法律上的限制。由于这种预期的存在，今天应当是酒友们难得的自由时空，如果那一天真的来临，今天就可能成为未来酒鬼们无限深情追忆的日子。

尽管酒精的药用作用是不分国界的，但是由于人本身的差异，酒精可以因人而异地发挥作用，它让一些人哭，一些人笑，一些人闹，一些人跳，一些人行凶，一些人犯事，当然，它也让一些人变成了神仙、诗人、艺术家。如果说平时的芸芸众生们相互还彼此类似，没有鸿沟式的差别的话，那么，酒精却像一面照妖镜，让每个人原形毕露，犹如脱光了衣服登台表演，自然，彼此之间也拉开了距离。为此，本文建议对于狡诈善战的嫌疑犯人，警察们可以摆上一桌，灌他个酒醉，他很可能跟你掏心窝了……

常言说，酒后吐真言，这自然是长期观察生活得出的高论。

人们通常把没有饮酒的状态称为“清醒的”，而酒醉之后则是“糊涂的”胡言乱语。其实这里的清醒与糊涂有一个基本的参照，那就是概念和理性；理性和概念，是文明人表达和满足其内在欲望的文明手段，饥饿了，要彬彬有礼地、斯文细致地慢慢享用；性欲来了，不能像阿Q那样直接拉吴妈睏觉，应当迂回曲折甜言蜜语反复周旋察言观色然后顺水推舟，当然，其他欲望的满足也应当照此办理；酒后的“真”，是理性伪装的解除，个人也因此从“人群”里走出来了。

人们通常用不同的称呼指称不同个人的酒后状态，如酒鬼，酒徒，酒友，酒仙，酒圣，等等；这种不经意的区分倒有几分形象贴切。一般来说，“酒鬼”们的酒后反应首先是生理上的，心跳加快，表皮充血，生理亢奋，肌肉紧张，当然，伴随这一过程的是，勇气倍增，话语增多，同语反复，不断爆出豪言壮语，眼神直视，甚至带有明显的敌意，逻辑思维混乱无序，对周围环境的刺激失去了常态判断，极易做出过于敏感的强烈反应，情绪和情感的变化跌宕起伏，落差悬殊，处于自由放纵、无拘无束的状态，在行为方面，动作失去协调，暴力倾向加剧，明目张胆地肆意妄为。那种类似动物生存竞争的英雄主义征服欲，坦露无遗。

无疑，酒精引起的生理反应，于不同的人是大同小异的，而精神反应则较为悬殊，甚至决然对立。在多数方面，与“酒鬼”们精神反应最为接近的是“酒友”们，但是，“酒友”的理智控制能力强于“酒鬼”。酒友善于利用酒后残存的理智承诺许愿，信誓旦旦，甜言蜜语，逞哥们义气，总让人有救星般的感觉，朋友遇到的任何困难，无论程度如何，他都可以“一分钟搞定”；此时，酒友们潜意识里那种不甘寂寞，从众媚俗，渴望结盟，依恋团队的心理冲动伴随着声声酒嗝奔流而出。

不愧是“圣人”、“酒圣”，在饮酒人群里享有君临天下般的崇高威望，这一威望是当之无愧且来之不易的。因为，酒圣的高大形象，来源于他对一般人难以承受的酒精，几乎没有超出常态的过激反应。他永远是那样地从容不迫，张弛适度，言行得体，洒脱自如，让酒鬼酒友们高山仰止，五体投地。“圣人”之所以享有圣人的声誉，是因为他具有钢铁般的意志，将原始的本能、欲望的冲动和情感的变化牢牢地控制在理智提供并允许的范围之内，即使内在精神世界翻江倒海，而外在面目依然是风平浪静，“胜似闲庭信步”。就像传统中国封建社会的年轻寡妇，在强大的社会舆论面前，在无数敌意眼睛的监视下，必须学会数着念珠，平静而从容地度过漫长而痛苦的余生，“圣人”们的过人高招，也是烈女般苦练内功坚持不懈收获的修炼正果。尤其在一个主流文化价值倾向于内敛和自闭的民族或社会，圣人或者“胜人”，为了将自己的真情实感精心而深深地包裹起来，究竟需要付出多大的代价，只有圣人们自己心中有数！

除了上述或左或右的酒后状态，“酒仙”们似乎是那部分少数走中间路线的人。与“鬼怪”们相比，“神仙”要阳光得多；与“圣人”们相比，“神仙”则快活得多。神仙们无拘无束，无羁无绊，敢作敢为，自由通畅。有意思的是，在《西方哲学史》中，英国哲学家罗素有意识地将哲学的历史区分为“清醒的”和“沉醉的”两种精神状态，认为“沉醉的”精神状态是哲学乃至整个文化的重要组成部分。应当说，这里的“沉醉”，既不是“酒鬼”意义上的，也不是“酒圣”意义上的，而是文化中超越“清醒”状态的，一种不可替代的自由精神创造活动。“酒仙”，正是这一文化的真正使者。

从酒中获取的“物质”力量，在“酒仙”那里，升华为一种自由而自觉的精神力量，生理上的亢奋转化为心理上的觉悟和灵感，“太白斗酒诗百篇”。这是一种平常难以获得的精神“幻觉”，它充溢着美感，挟持着快意，酒仙的视野里，是一片崭新的天地，时间、空间、事物、生活、是非、善恶、对立，等等凡夫俗子们感受和固守的一切，都失去了“清醒”情形下的全部意义。这时候，耳朵可以聆听来自天体因为大小不同快慢有致交错有序的运行所发出的音乐；眼睛呢，则将一切披上了绚丽多姿意蕴非凡的光芒和色彩；顷刻之间，精神为之沸腾，人们熟悉的大地，那由于引力而使人拖着沉重疲惫身体的大地，霎时失去了巨大的引力，它似乎深情而温柔地缓缓举起自己的双手，将人们轻轻地托起，升腾着，再升腾着，视野越来越开阔，越来越悠远……身体轻若鸿毛，心灵，或时化做一道闪电，或而化做大海上一叶远处时隐时现的归帆……功名利禄，是非荣辱，等等那些个曾经驱使人们左冲右突、左躲右闪而沿着既定方向前进的标识，开始变得模糊不清，甚至于觉着荒诞可笑，悲凉不止。

于是，“酒仙”们，借助于酒，开始了精神的重塑，借助于酒，开创新的生命形态，借助于酒，改写着文化和历史。

这一过程，是通过艺术这一特定文化形式完成的。

艺术具有多样的形态，它是感性生活的再现，又是感性生活的再造，还是感性生活的升华，甚至是感性生活的背叛，不过，这一切还必须满足一个先在条件：艺术，应当帮助人们走出感性生活，从而获得精神自由和情感释放。酒，似乎先天就是艺术的孪生兄弟，因为，它是让精神走出感性生活的一条捷径。

因为酒，柏拉图“看到”了他人看不见的“理念世界”，那是一个需要心灵觉醒而无法通过眼睛感受的“世界”，是一个至真至善至美的世界，是自由自觉的精神产物。

他的老对手德谟克里特更是深情地说，漫长的人生道路，如果没有美酒做伴，该是多么的寂寞无聊呵！

尼采，一方面痴情地回忆着人类的昨天，玩味着古希腊悲剧文学中的酒神精神，另一方面，感伤于今天大地上寂寞媚俗、沉沦重复、纤弱无助的“人生”；显然，这是一种酒后的狂言，“上帝死了”，“一切价值必须重新评估”！

尼采的眼中，艺术，是一切有价值的创造活动的本质，“艺术家是性欲最强的人”；艺术，具有将人的原始力量升华为现实精神力量的崇高价值；艺术的精神就是孤独、创造、强大、冲刺的酒神精神。

理性和道德将人塑造为柔弱病态的生命，它让人们龟缩起来，龟缩于黑暗阴冷的“安全”角落，他们小心翼翼地窥视着外面的一切，任何的风吹草动都足以让他们惊恐万状、胆战心惊，任何的“危险”都足以让他们抱头鼠窜、溃不成军；酒，唯有酒，让人们撕开了理性的伪装，像烈火一般燃烧着悬挂着“道德”字样的旗帜，因为，在“道德”旗帜掩盖的背后，分明是病态的弱者，一次又一次谋划残害强者的无耻阴谋；酒及酒的精神力量，恢复人类的艺术创造力，再造与自然进化同样频率的社会公平和正义，因为，自然本身是强者表演的舞台，自然的历史也是弱小和病态不断被淘汰出局的历史。

酒，让人类的眼睛焕发出美艳的光芒，留住了大地的春色，映现出天空透亮的湛蓝，真正的好个“喜看稻菽千重浪，遍地英雄下夕烟”！

翻开中国传统的文章典籍，一股浓烈的酒香扑鼻而来。尽管主流传统文化视酒为淫，认为“酒色”联姻，称“酒是穿肠的毒药，色是刮骨的钢刀”，然而，即使是在这样充满敌意的环境里，酒，依然以自身超强的渗透力，浸染着文化艺术的躯体和灵魂。中国文化艺术与酒之间似乎存在着某种天然的联系。从这种文化虚构或创造的“神仙文化”来看，“神仙”们似乎都具有同样的嗜酒习惯，八仙如此、玉皇大帝、王母娘娘们也是如此，其中的一部分对酒的依赖，已经到了难以想象的地步，酒壶随身携带，寸步不离，酒，成为“他们”生活中的唯一饮料。

神仙的虚构，源于人们的人格理想和对理想生活的追求，源于人们精神世界对现实生活的反叛；人们需要神仙，如同他们需要明天和未来一样，在人们的意念中，光明、幸福和美好总是属于明天的；神仙们需要酒，暗示着人们的理想生活是需要酒的，因为酒赋予生活以艺术的力量。

“采菊东篱下，悠然见南山”，许多吟诵这句诗歌的人，分明感受了醉意。“悠然”的状态，自然是酒后升腾起来的精神，疲乏沉重的躯体顷刻之间遁形消逝，大地的引力被攀升的精神所中和；是的，视线有些模糊，山，究竟是在南或者是北，菊花，究竟是在东或者是西，朦胧的视野里，方向失去了意义，不过，心灵却有了未有的通透明亮；这是一个线条简约，色彩谐和，大地律动，音调悠长的落英缤纷的世界，无限的遐思，无羁的情愫，无尽的感动，沉浸于、渗透着这天人一体、物我两忘的世界；与其说这是一个物的世界，不如说那是一幅仿佛跳动着音符的诗画，与其说这是呈现于眼帘的感性世界，不如说那是从心灵深处无法遏制而流淌出来的精神清泉。

“登高壮观天地间，大江茫茫去不还；黄云万里动风色，白波九道流雪山”……如果不是酒，那么，谁能如此恢弘地一览江山，极目无垠，将历史还原为现实？酒后的太白，永远失去了确切的时空感，他善于将流动塑造成永恒，善于将疲劳乏味寂寞烦闷省略为零，犹如“千里江陵一日还”。试想，当年乘坐在小瓢船（“轻舟”）里的李白，尽管刚刚遇上了高兴事，折磨他的被贬夜郎的命令取消作废，可是那不分昼夜的慢悠悠的回家路程，一定把他折腾得筋疲力尽，没有一个月，也得二十天，何方飞来“一日还”的痛快和顺畅？一定是那个做神仙的叔伯兄弟铁拐李起了示范作用，腰间的葫芦装的不是药，而是酒。酒，让太白昏睡了一个月中二十九天，“一日还”的疾速和顺当便由此而来。

再犹如说，“举杯邀明月，对影成三人”。一个人的独角戏，酒后的太白硬是演得有声有色，里面有唱词、音乐、朗诵、舞蹈甚至武打表演，实实在在的综合艺术。这种状态的精神世界该是何等的自由和生机勃勃啊！有人说，李白的诗，可以打十分，其中，三分剑气，七分酒气；我说呢，其实那三分剑气还是源于七分酒气的。

李白们的冲天酒气，可能令传统正宗文化的圣贤们退避三舍，因为，在坚守“饿死事小，失节事大”的圣贤们看来，“理性”、规矩、原则等等是绝对不能动摇的；“酒后无德”的说法，算不上是批评，充其量是圣贤们对李白们的善意劝告，但是，一旦因为言行轻狂而够上了“犯上作乱”，那便可以视为“乱党”或“叛逆”，甚至罪不容诛。“常在河边走，哪能不湿脚”，于是，就像他们总在遍访名山大川，李白们的现实生活似乎永远在摇摇晃晃地走钢丝，随时可能掉落下来；好在酒的力量是无穷的，可以化险为夷，克敌制胜，为此，李白们有了充足理由教训圣贤们了，“古来圣贤皆寂寞，唯有饮者留其名”；名誉算什么，金钱算什么，你的那些理性、原则又算什么，远不如“五花马，千金裘，呼儿将出换美酒，与尔同销万古愁”！

号称“居士”的苏轼最终没有做成和尚，而是个植竹食肉豪饮写诗的俗人。这位不幸出生在宋朝的酒仙，真可谓是生不逢时。那是一个最缺少艺术又特别需要艺术的时代，又是一个最缺少自由而又特别渴望自由的时代。汉字在那里统一为只有规矩而缺少灵性的“宋体”，甚至汉代以来的篆刻这时也被统一为死板单一的“宋篆”；主宰社会精神生活的是一批又一批手捋胡须端正身板拉长脸孔动不动教训人的理学家们，这是一批只顾自己“讲理”而不允许别人发言的不讲理的理论家，二程尤甚，遭到后世称之的“以理杀人”的怒斥，也便不难理解了。苏轼受到了良好的家庭教育，不过幸运的是，一个特别的爱好挽救了他，没有让他成为那些“杀人”理学先生中间的一个，这就是酒。

“明月几时有，把酒问青天”，当然，酒是不会说话的，可是，东坡先生不仅听到了声音，而且还可以随之起舞，显然是李白们中的一员；“高处不胜寒”，多么温情的呐喊。你能“高”过仁宗皇帝？权力上自然不能，甚至连王安石也奈何不了，但是，酒，却让东坡居士高大起来了，这是精神上的剧烈膨胀，是一个俗人的蜕变，是艺术的“我”打翻了本能的“我”；这是空无一人的世界，寥廓戚静，视野无穷，一种从未有过的清新和凉爽扑面而来，没有时间，所以没有流逝，没有空间，所以没有障碍，没有器物，所以可以无限制地升腾起舞，没有监督敌视的眼睛，所以可以从心所欲，无矩可逾；的确，月有阴晴圆缺，人有悲欢离合，可是，因为酒，一切缺憾和距离都随风消失；这是一种非常纯粹的孤独状态，精神自若，意志坚定，心存高远，虚心而开通。

对于文化的心灵，酒起着唤醒的作用；对于生命本能的欲望，酒，可能点燃了它，也可能升华了它；酒，激发了艺术创造，酒和艺术，让人回归为更高更自由的真实，尽管，它们常常被人们误解为“沉醉”；因为酒，人类的文化被赋予一种全新的灵魂和勃勃生气；因为酒，人们才区别为真实的个别的人。

面对即刻将会兑现的死亡，苏格拉底是那样地松弛坦荡，因为，他还能幽默，死刑宣告后，一个年轻人匍匐着抱住了苏格拉底的腿，哭泣着说，苏格拉底啊，我们多么不希望看到您这样被不公正地处死，苏格拉底轻轻地抚摸着年轻人的头，反问说，难道你愿意看到我被公正地处死吗？

接着，一杯毒酒被苏格拉底一饮而尽。

历史也同样幽默地告诉人们，苏格拉底们之所以曾经活着，因为他们是沉醉的；苏格拉底们之所以死了，因为他们曾经沉醉地活着……

16. 对面走来个你认识的胖子，你打招呼应该说，哟，你瘦了不少

学会欣赏他人的长处，学会包容他人的短处，既是锤炼健康坦诚心理的需要，也是使自己为社会所接受的基础和前提。

鲁迅先生曾经给他的学生们讲过一个故事。

一个财主给满月的孩子办酒宴，来了许多祝贺的客人们。当然，这刚满月的孩子自然是宴会的主角。一位祝贺的客人抚摸着孩子的小脸蛋说，哟，这孩子真聪明，将来肯定要做大官……主人听着心花怒放，投桃报李，这位客人得到了主人的奖赏。又一位客人也笑眯眯看着孩子，夸赞说，这孩子面相真好，将来肯定要发大财，主人家听着高兴得合不拢嘴，也给了这位客人一笔奖赏。接下来的这位客人同样认真地看着这孩子，然后满脸沮丧地说，可惜呀，可惜呀，像我们大家一样，这孩子将来也是要死的……主人的脸，晴转阴，并转暴雨，大骂这位不会说话的客人，将其赶出了家门……说假话的受赏，说真话的受罚，这世道……

学生们问，遇到这样的情况，我们该怎么说呢？

先生想了想，说，那只能看着孩子打着哈哈，“哟，这孩子，这孩子，哟，哟，哟……”

称那刚满月的孩子将来一定当官发财，显然是缺少根据的，不过，作为一种愿望，作为一种期待，也并没有过分的地方；说

那孩子将来要死，显然是大大的实话，不过，放在这时候说，显然是不合时宜的；打着哈哈当然是可以的，就像微笑着保持沉默一样。

记得，康德曾经说，对于我并不想表达的东西，我有权利保持沉默，正如我没有将它说出来的义务一样。因为，事实上，面对当时腐败的政治，包括康德在内的许多人都有话要说，不过，畏于权威，很多人说的却是无耻的颂歌，与之相比，康德的沉默，明显是一种勇敢。

沉默，有时是最具魅力的表情和最有力量的语言。

当然，话总还是要说的。其实，语言的功能是多重的，人们通常非常较真的将其理解为“达意”，显然过于狭隘。除了表达某种特定的意思，语言通常还是社会交往的工具，这两者之间并没有必然而实质的联系，也就是说，作为交往工具的语言，并不能就事论事地斟词酌句，不能将话当话，就像上述“当官发财”之类的寒暄。一个人，一生可能说了很多的话，估计多数的话是可说可不说的，于要表达的意思并没有什么关系，之所以说了，是因为不说也罢而又说也无妨，甚至，有时仅仅是表示自己还在呼吸，嘴巴里也会喃喃自语。

对人来说，认真地说话，只发生一段短暂的时间里，那是大约四五岁时，儿童学习着语言思维，也学习着流利说话的时候。如果你注意观察，会惊讶地发现，四五岁的儿童一边玩着，一边自己和自己说着话。这意味着，他的语言能力还没有“内化”，还需要借助外在的声音来帮助和验证自己的思维。不过，这一阶段很短暂，他很快发现，“能”说话并不全部都是“好事”，有时甚至是一件糟糕的事情；他还发现，将自己的心理活动表露出来所带来的好处，很多时候，远远抵不上将它隐藏起来。于是，语言的又一重功能诞生了，原来，沉默也是一种语言；青少年经历的生活将一次又一次地告诉他，学会沉默是多么的困难，甚至超过了学习说话本身。

许多人说话之前喜欢先广告一下，“我不怎么会说话……说得不对的地方，请大家原谅”，云云，如果真的如此，那可以真的不说；如果是不能不说而又缺少沉默的勇气，那显然并没有取得听众谅解的真诚；语言责任的这种“转嫁”，是语言艺术之一，也是语言混乱听众思维的根子之一；“开玩笑”，更是一大语言艺术，精心包裹起来的“幽默”特别需要提防，因为它代表了说者的深层阴暗的心理。

坦荡的胸襟是最好的语言，坦荡的人说话，不一定每一句都是“真”的，但一定是真诚的。比如说，人们经常会收到各种各样的祝词，诸如“梦想成真”，“心想事成”，等等，事实上，这里没有一句真话，但是，其中一些祝贺者的真诚是不能怀疑的。

每个人都面临着充当多种多样的社会角色，而角色成败的关键，除了行动，就是语言。于是，语言又具备了一种新的功能，“角色”工具。跟太太说话和跟学生说话肯定是有区别的，即使是表达同一个意思。一般情形下，为了自己的愉快，人们会使用让人愉快的语言，夸奖、称赞等顺心顺耳的话，的确行之有效，立竿见影，刻薄、阴冷的语言则制造着隔阂和敌意。应当说，夸赞的话语有可能是言不副实的，刻薄的语言表达的也可能是实事求是的，但是，“真话”、“假话”本身已经并不重要，因为这些语言并不是法院的判决书，不是重大合同的条款，这于人的真诚或虚伪也没有本质联系，而仅仅是建设人际关系的某种方式而已。

对面走过来一个你认识的胖子，你可能说，好久不见，兄弟怎么又长胖了；你也可能对他的胖瘦不做评价；你还可能说，久违久违，兄弟你瘦多了！是的，兄弟他的胖瘦，你是无能为力的，可是，面对兄弟他的减肥愿望和减肥实践，你是本着实事求是的态度打击他呢，还是真情实意地鼓励他，全都仰仗你那并没有支付物质代价的三言两语。在这个减肥成风的年代，胖子们遭受的人身歧视已经非常令人同情了，如果再雪上加霜地风言冷语，那不仅是对他人尊严的一种冒犯和蔑视，也是言者阴暗狭隘心理的自我泄露。学会欣赏他人的长处，学会包容他人的短处，既是锤炼健康坦诚心理的需要，也是使自己为社会所接受的基础和前提。

多数时候，心灵感触的温暖并不是因为金钱和物质，而是谦和关怀的语言；有时，宽厚博大的心灵，通过语言的传递，可以影响一个人的一生。

一次，陶行知先生在校园里看到一个男孩用泥巴砸向另一个孩子，他制止了他，并要求这孩子放学前到校长办公室去一下。放学了，陶校长回到办公室，那男孩已经等在门口，他牵着男孩的手进了办公室，没有大声严肃地批评斥责，只见陶先生拿出一块糖，温和地递给男孩，说，这是奖励你的，你很守信用，按时来了，而我却迟到了；接着，陶先生又拿出一块糖，塞到男孩的手上说，这也是奖励你的，你很正直，我调查过了，你用泥巴砸那孩子，是因为他欺负女同学，你在帮助弱者……男孩终于抑制不住哭了起来说，校长，你批评我吧，我知道自己错了，我不应该用泥巴砸人；陶先生抚摸着孩子，又掏出一块糖，塞进了男孩的口袋，说，这也是奖励你的，孩子，你很诚实勇敢，敢于承认错误，谁都会犯错误，改了就好，好了，我的糖也没有了，我们就谈到这里吧，我们都该回家了……

朴实真诚的语言可以传递高尚的人格和巨大的精神力量。

汉语难学难懂，原因之一是因为其中充满了暗示；而暗示所引导的经常是不着边际的歧义。

中国传统笑话里有一则大家肯定熟悉，大致是这样说的：

有位主人，约请了四位客人来家吃饭。三位按时来了，一位没有按时到，主人有些着急，说道，“该来的怎么还没来？”听到这话，三位中的一位坐不住了，认为自己是主人暗示的不“该来的”，于是愤然离去。主人不解，又说，“不该走的怎么走了呢？”剩下的两位中一位也坐不住了，以为自己是那位“该走的”，也拂袖而去。主人忍不住了，对着唯一的那位说，“我又不是说他！”这位自然没有坐下去的理由了，不是说他，那是说谁，不就是说我吗？结果当然可想而知。

充满暗示的语言，源于特定的经验思维方式。

经验思维方式的最突出特征是，擅长联想、影射、类比和会意。经验思维的养成，源于人与自然紧密的联系，或者说，人对自然非常强烈的依赖。由于这一特定关系，人们自觉或不自觉地将自然关系比附为人自身的社会关系，也会反过来将自身的关系解释为自然的关系。正因为此，古代中国人，甚至像诸葛亮那样的聪明人都相信，地上某个“大人物”的死，与天上的某颗星的陨落是联系在一起的。即使在今天，中国的电影电视里，依然是用同样的思路来表现“英雄”的死，英雄牺牲，必然出现刮风下雨闪电惊雷等等灾害性的天气。西方人当然无法看懂死人和天气这两者之间有什么关系，更让他们费解的是，二十世纪七十年代中国的那场政治运动，为什么称作批林批孔，两个完全不相干的人怎么被中国人顺理成章地放在一起批判？提到妈妈，想起大舅那好理解，批判林彪扯上了孔子，简直太不可思议。

文字狱，同样是超强想象力的产物之一。含沙射影、指桑骂槐、声东击西，本来就是典型的中国智慧，并被广泛地运用于艺术表现、文学创作、政治较量、军事斗争和夫妻吵架等领域。当然，没有高度的政治敏锐性和超凡的嗅觉，是很难发现其中的真实内涵和奥秘的。由于经验，产生了类比，由于类比，产生了隐喻；隐喻与联想是一对孪生兄弟，两者肝胆相照，互为因果。语言越是隐晦，理解也就越多元化，传统文化中的“微言大义”就是这么来的。

与现代人做文章动辄洋洋万言相比，古人则显得十分吝啬；或许也由于这一原因，对古代文章的解释也自然见仁见智，众说纷纭了，不知从什么时代开始，喋喋不休，小题大做，微言大义成了中国文人的与日俱增不断膨胀的语言天赋；老祖宗们的联想能力被与时俱进地得到淋漓尽致的拓展和发挥，似乎每一文化经典的每一句话语的每一个字词，都蕴涵了无限的暗喻和神秘的天机。

新近电视媒体隆重推出的专家讲坛，受到了读书的和不读书的人的普遍欢迎，知识和非知识在这里找到了共同的志趣和语言，这不是由于别的，还是由于上述中国语言天赋的又一次公开展示。这样的展示，从心理的深层暗合了中国人的特有文化需要，就像汉字的书写可以成为一门独立的艺术一样，语言本身，口头的或书面的，同样是外人无法理喻的令中国人痴情迷恋的艺术。

许多时候，人们并不要求语言达意，只要求看着或听着“舒服”，就像书法欣赏，并不要求每个字都认识，甚至不求读懂文字的意思，看得“舒服”就行。当语言日益成为艺术的时候，语言的功能已经发生了历史性的变化，因为它不再单纯是传递信息的工具，而同时是人们精神需要的玩耍和游戏对象。也就是说，你想说什么，已经并不重要，重要的是，你如何去说。“有话好好说”，大概就是这个意思。

称赞的话总是最好听的，至于其中的真假，人们并不真的在乎；说的和听的都因为“说的比唱的还好听”，而廉价收获了愉快或幸福的心理暗示。

在本书的另一地方，专门谈到心理暗示的问题，良好的心理暗示非常有益于人的身心健康。谈话和语言是这一暗示的最重要手段之一。说胖子瘦了，胖子不仅获得了积极的自我评价，而且增进了减肥的勇气和信息，同时，这一评价又是互动的，交流的双方都收获了良好的情绪和心情，友谊之花盛开得更加灿烂。

当然，真诚的赞美、良好的祝愿与故意的欺骗应当严格区分。

当年，袁世凯复辟帝制，想当皇帝，这种逆历史潮流的举动自然遭到了上下一致的反对，声讨之声一浪高过一浪，当时的新闻媒体《民报》每期都有声讨文章。不幸的是，这些文章袁大总统本人却未曾读到，尽管《民报》他是每期必读的。他身边的人慑于大总统的权威，实在不敢将刊有讨袁文章的报纸送给他，为此，有人支了高招，专门印一份《民报》送给总统看！当然，这份报纸上自然充斥的是对帝制和袁世凯廉价的赞美和甜蜜的颂歌。一国之君的袁世凯自此充耳难闻天下事，在精神上被身边人关了禁闭，着实非常可叹可悲，令人啼笑皆非。

其实，类似的情形在历史和现实中，时有重演，由于专挑

“好听的”听，结果惨遭愚弄，将自己逼上了精神的“绝路”上去的，上有皇帝，下有臣民，古往今来，层出不穷。从这层意义上说，康熙乾隆们是聪明的，据说，他们经常化装微服私访，打探民情，用不着别人代劳，自己亲自兼任中央情报局局长。毛泽东是伟大的，因为他大声地告诫全党，“没有调查，就没有发言权”！

现代的西方哲学，悄然涌动着一股浪潮，那就是语言哲学和解释学。三言两语自然无法将这一思想的精髓说清楚，不过，这一浪潮出现本身，已经昭示人们，人类对自身精神世界的认识在艰难地行进着。与“语言是思维的物质外壳”的陈腐观念比起来，语言和思维之间矛盾的凸显，则有机会让现代的智者们开掘一片新的天地。

就传统中国文化而言，尽管没有严密的语言理论，但却具有令西方人匪夷所思的语言经验和天赋。两千多年前，庄子已经深刻洞悉了思维与语言的矛盾，由于言不达意，所以应当“得意而忘言”，也就是说，语言本身只是非常有限的工具，与人们的真实精神世界相比，只是沧海一粟，它充其量只能为人们之间的相互理解打开一丝儿门缝，所以，你千万别拘泥于语言本身，千万别被语言的字眼所糊弄。可惜，庄子死得太早，那超凡脱俗的智慧陨落得太快，很多本来可以说得更加清楚明白的问题，又被历史蒙上了厚厚的尘土。

“人之将死，其言也善”，《论语》里这句话，已经成了汉语中的成语，通常被解释为，死到临头的人，说的话是真诚而善良的；如果真是这样，那么自然意味着，对待死期还早的人所说的话，诸位就得留神了。肯定也意味着否定，说你是什么什么的同时，也就是解释你不是什么什么。事实上，上述成语还暗含深意，它告诉人们，只有垂死的人，才明了那个曾经漫长的短暂个体生命所包裹的内涵，他已经到了可以撕毁一切伪装，解除一切防线，放弃一切欲望，清除一切幻想的时候，他羽化为一束坦荡无碍、无私无畏的意念。这时候的话语，完全是那束意念的自然真实的流露，在那束意念里，无限的感叹化作对生命的最后一次敬礼……

如果可能的话，在死亡似乎还遥遥无期的每一天，人们可以练习着将快乐的语言，真诚的语言，善良的语言，献给自己，也献给你遇到的每一个人；如果是那样的话，你每天都会为幸福所包围缠绕，被美感熏染浸泡；恰当温和的语言或沉默，都能成为通向幸福生活的桥梁和纽带。

既然“人之将死，其言也善”，那么又为什么不能做到“幸福生活，其言也善”呢？

17. 了解自己的无知是最大的知识

对人来说，真实可靠的幸福只有一个来源：大智慧，大觉悟，而不是小聪明。因此，相形之下，一个人，学历多高，知识多厚，学问多大，都不是最重要的，因为，那些依然是感性生活的手段，而不是最终的目标。

人生永远是一个学习的过程。亚里士多德说，“求知是人的天性”。

对学习的需要，直接物化为各级各类学校和各种教育设施。中国人很早就有了自己的教育设施和教育手段；古代希腊人在孩子六岁左右便开始接受“三艺”“四艺”的教育。一般来说，学校教育的直接目的是为现实社会培养建设者和接班人。

不过，上述的“学习”是狭义的。广义的学习，却是人本身的需要，是人的动物机能的一种合理和必然的延伸。从这个意义上说，学习，对人而言，不仅没有时间的局限，也没有“校园”意义的空间局限。

为了适应环境和生存竞争，为了生命的生存和发展，任何的生命形式都需要某种特定意义上的“学习”。鸟儿要“学”会飞翔，猛兽要“学”会捕猎，素食动物呢，要“学”会逃跑。

从生物竞争的历史来看，不认真“学习”和“学习”成绩不好的生命必然会遭到淘汰灭绝。

人类的学习也是生存和发展需要的产物。比较其他生命来说，人类学习的必要性和紧迫性更为显著。因为，人类必须学会两个方面的生存技能，一是用于解决人与自然的矛盾，一是用于解决人与人的矛盾。后来又有人将这两种技能，简要而狭义地称作“自然科学”和“社会科学”。

其实，就人而言，光有上述的学习还远远不够。

因为，还有一类矛盾，人们并没有经常感觉到它们的存在。比如说，以前我是一个穷光蛋，于是发愤挣钱，终于尝到了大把大把地点钞票的快乐。可是，某个晚上躺在床上，突然开始了心理折磨：有了钱，原来也就这么回事，并没有我原来所期待的那样“幸福”；相反却平添了许多原来没有的烦恼。“不怕贼偷，却怕贼惦记”，晚上睡不着，因为贼也睡不着，互相惦记着，真有些“心心相印”的滋味。

再比如说，人们在看到许多落马贪官的“事迹”报告后，痛快之余，又发感慨，“这家伙真笨！要那么多钱干什么，早点收手不就没事了?!”是啊，要那么多钱干什么？老虎、狮子，兽中之王，凶狠而残忍，但是，一旦它吃饱了，小羊小鹿从它眼前经过，它看都不看，不会再去血腥捕杀。可是，换个角度想想，假若将此时的老虎换成人，他会怎样呢？一定不会错过机会，“吃不了，兜着走”，拿回家存放在冰箱里。

针对这一“贪官原理”，很早就有了超越“自然科学”和“社会科学”的另类“知识”。比如说，“知足常乐”，“无欲则刚”，“淡泊明志，宁静致远”，“苦海无边，回头是岸”，等等。一般地说，面对这些既老又新的“知识”，人们非常愿意把它们写成字画，装点雅室，或写在书上，供别人参考。因为，毕竟每个人直接面对的是自己的感性生活，而不是自己的精神世界。不仅如此，人们反倒把那些直面自己精神世界的人视作“傻帽”、“神经病”、“怪物”、“笨蛋”。

苏格拉底，就是那些为数不多的“傻帽”之一。他相貌丑陋、衣履不整、言行另类。在雅典广场上，他经常寻找那些被雅典人公认的学问大师或文人骚客，展开讨论对话。——今天来看，这种“对话”是有些不平等的——刚开始时，对方振振有词，越到后来，就越不自信，直到完全面红耳赤地败下阵来。失败的原因很简单，对方掌握的知识和苏格拉底心中的“知识”是有本质不同的。苏格拉底对知识和无知的关系做了一个耐人寻味的比喻。

他说，一个人的知识领域类似于一个圆圈，圆圈之外，便是无知。知识越多，圆圈越大；相应的是，圆周越长，无知的面就越大。

因此，最了解自己无知的人是最有知识的人。

什么是苏格拉底心中的“知识”呢？他称之为“德性”，是自我反思和自我认识的结果。苏格拉底把雅典德尔菲神庙门楣上镌刻的铭文视为“知识”的最高原则：“人啊人，你应当认识你自己”！所谓关于“德性”的“知识”，其实并不是关于“自然”或“社会”的，通过经验或实践而取得的知识，而是人对自己精神世界的理解和领悟，是对“智慧”的“爱”和“追问”。

对“智慧”的爱并不是往箱子里装东西那样，往知识的圆圈里再增加点什么。"爱"是一种态度，一种选择，一种对经验知识和经验思维进行考查和批判的态度。

按照经验和感性原则生活的人，缺少的正是这种自我批判精神和反思的自觉态度。因此，当自己觉着自己能对真假是非做清楚明白的判断时，事实上，却只在具有感性层面上的"真"和"假"。

没有钱的人说，有钱真好。

没有名气的人说，出名真好。

没有汽车的人说，有车真好。

……

至于这些东西为什么既"真"又"好"？理由只有一个，他沉湎于感性生活，他在感性生活里缺少它们。感性生活，类似于一双力量巨大的手，推动着人们，驱使人们不断为自己建立感性目标，并处心积虑地实现目标，不由自主地被接踵而来的一个又一个感性目标牵着鼻子走。

据说，在印度的一个部落，人们的主要生活来源是捕猴卖猴。尽管猴子行动的速度和灵敏远远超过人，但显然缺少人类的智慧。捕猴人将一只菠萝装进一个事先准备好的箱子，箱子的其中一侧挖了洞，洞的大小是精心设计的，猴子的手可以伸进去，菠萝却拿不出来。这个箱子被送往猴子经常出没的地点。闻到了菠萝的香味，猴子来了。其中一只胆大显然也是嘴馋的猴子按照人们的预期将手伸进了箱子，用力拽拉着那只菠萝，怎么也拉不出来，菠萝的确太有诱惑力了，猴子在继续折腾。终于一张从天而降的大网将猴子紧紧地包裹……

当人们用同情的目光看着那只落网的猴子时，为什么不以同样的目光看看自己呢？

当然，人不同于猴子，他具有猴子所不具有的自我反省、自我批判、回头转向的潜在能力和精神选择，他可以不按照猴子的经验方式去生活。但是，摆脱类似于猴子的悲剧的过程却是一个精神更新的痛苦过程。

叔本华说，智慧就是痛苦。的确从一个侧面道出了智慧内涵的滋味。

儿歌唱，“小小读书郎，背着书包上学堂，没有学问，对不起爹和娘”，今天的应试教育，迫使学生们披星戴月地读书，家长们看着同情，但内心更多的是期盼。因为，这里的目标很清晰：“吃得苦中苦，方为人上人”，“十年寒窗面壁苦，一举成名天下知”，“书中自有千钟粟，书中自有黄金屋，书中自有颜如玉”。显然，这里的学习和读书的“苦”，是对金钱和美女的“求之不得”的“苦”，与猴子没有拽出菠萝的“苦”相似。

智慧的“苦”与此毫不相干。

孔子讲，三十而立，四十不惑，五十知天命，六十耳顺，七十从心所欲不逾矩，描述的正是这么一个“学习”智慧的痛苦历程。这是一个人“学习”由他律而逐渐自律的过程。

年轻时，成家立业，感性的需要自然摆在首位，名利双收是最大的奋斗目标，为此，人们需要忍受各种外在和内在的压制，接受各种各样的来自不同方向的“困苦”；中年开始从生活中“学习”并明白了，名利没有原来意义上的“重要”，金钱利益也不代表自由幸福，于是，免疫力相应增强，可以抵御外在的不必要诱惑。老婆不漂亮不要紧，出差时心里更放心；钱少点也可以，平安是福。

人的精神世界就像一条河流，开始时，只是涓涓细流，受制于狭窄的河沟，而后经过激流瀑布，河床愈来愈宽，河水也逐渐平缓安适，最终自然是毫无痛苦地汇入大海。到了晚年，应当是精神世界最为自由的时期，成熟了的心理，终于领悟到生命的过渡性、偶然性和阶段性，万物同理。这时候，可以虚心而坦荡地心理面对一切异己的存在，可以把外在压制自己的力量内化为自己的要求。比如说，我没有钱，不是命运的不公正，而是我自己乐意于这种摆脱了为物所累的简单适意的生活。

当然，当年的孔子，只是从时间意义上来阐述精神世界的改造和“学习”过程。今天人们还可以从空间的意义上来解释这一展开过程。因为，在实际生活中，许多拥有“大学问”的人，即使到了孔子所说的那把年纪，也未必真的明白那把年纪应当明白的道理。他们过分地“年轻”，过分地沉沦于感性要求和感性生活。所以说，精神世界不仅有时间意义上的年轻或衰老，而且有空间意义上的年轻与“成熟”。

所谓的痛苦，正是另一种意义上的幸福。因为，没有幸福的向往和追求，人们不会自愿地付出痛苦的代价。天降大任于斯人，必先苦其心智，劳其筋骨，饿其肌肤。是的，小痛苦是小幸福的敲门砖，大痛苦是大幸福的入场券。精神世界的自我刷新，是交织着痛苦与幸福的心理脱胎过程。

弘一法师，居然就是中国现代艺坛上鼎鼎大名的李叔同。年轻时的李叔同，玉树临风，潇洒倜傥，才华横溢，三十九岁，名誉如日中天的他，悄然出家，抛弃了那些众生孜孜不倦苦苦追求的优越感性生活，云游四方，诚心向佛，圆寂时留下生命感悟，

“悲欣交集”。他的传奇人生，惹得文人墨客捉摸不透，如坠云雾。

其实，殊途同归，是否皈依佛门，是否精修儒学，还是进行艺术创造，都是途径和道路的问题，目标却是一个，让生命和生活真的有价值和真的幸福。

遥想当年，时空似乎既远也近。苏格拉底的最杰出弟子柏拉图有个比喻十分值得一提。他说，人啊，从出生开始，就被囚禁在一间黑暗的屋子里。人被牢牢地固定着，只能面对一个方向，黑暗的屋子里有一些或明或暗的光线，因为在人们背向的墙上有一个通向外面的小窗户，光影是从那里来的。由于背向着它，人们实际所能看到的仅仅是一些外部世界的投影，而不是外部世界本身。

人啊，如果真有勇气去了解真实世界，只有一个办法：掉过头去，或者叫做，“转向”！

柏拉图隐约地告诫人们，我们自以为是的“知识”原本是虚幻的，是一种“有知的无知”，而最大的真知却是自己认识自己。

“转向”也好，“回头”也好，说的都是一个意思。

对人来说，真实可靠的幸福只有一个来源，大智慧，大觉悟，而不是小聪明。因此，相形之下，一个人，学历多高，知识多厚，学问多大，都不是最重要的，因为，那些依然是感性生活的手段，而不是最终的目标。

生活的学习应当从这里迈步：了解自己的“无知”将是多么困难，而又多么有意义！

18. 名利，是不平等社会的一面精神旗帜

在这条由利益构成的链条上，每一个人，无论是资本家还是工人，都不过是流水线上的一个被动而机械的环节。真正让这条链条运转起来的动力，并不是人，而恰好是“物”！

历史上，许多的智者说，人是生而不平等的。这一说法与鼓吹人生平等的社会共识针锋相对，唱起了反调。卢梭说，人的不平等几乎是先天的，有的人生来就高大英俊，声音优美。于是，在异性面前，他更有竞争力和吸引力。社会的不平等由此迈开了第一步。

记得读大学时，粮票的重要甚至超过金钱。因为当年吃饭必须掏粮票，只有钱没用。男生们心里愤愤不平，每个月发放的粮票男生女生基本一样，一个月下来，男生根本不够，女生却大有节余。从此，哲学系的男生们开始了讨论，究竟什么是平等？平均就是平等吗？有的人一顿要吃十个烧饼才饱，有的两个就够了，如果按照平均主义的原则，一个人一顿发五个，明显是撑的撑死了，饿的饿死了，这是哪门子“平等”？

历史长河，翻江倒海。每一次的社会动荡几乎都与社会分配不公和人们社会等级的悬殊直接相关。历史书籍告诉人们，几乎是所有的反抗力量都高举“均贫富”、“劫富济贫”等等类似的旗帜。以史为鉴，平均主义一次又一次地成为避免社会冲突的法宝。

当然，这一“法宝”在更为强大的自然法则和社会力量面前，永远只能充当暂时的遮羞布。因为，优胜劣汰的平等原则决定了平均主义的怯懦和虚伪。尼采说，看着老虎残忍地撕咬羔羊，你能责怪老虎吗？老虎会告诉你说，我丝毫不仇视羔羊，相反，我太爱它了，我太喜欢它了，因为，它的味道确实太美了！

对人类社会而言，这似乎是一架别无选择的独木桥——在平均与平等之间。——今天，事实上，许多老同志依然在怀念那初一十五半夜开始为了半斤猪肉排队的凭证供应时代的平均主义生活。因为在财富分配的巨大悬殊面前，多数人会毫不犹豫地选择回到“打土豪均贫富”的平均主义社会生活方式。“共产主义”、“大同世界”等等的最初发明都源于同一梦想。然而，历史同样证明，任何形式的平均主义原则在短时间避免社会冲突的同时，必然衍生的是奖懒罚勤、鼓励后进甚至以弱凌强的社会机制。由于它与社会进步和人类发展的整体方向南辕北辙，平均主义的围栏终究会被冲破。

社会关系具体地表现为现实的人的关系。

人与人之间的不平等的自然关系，迟早会发展为不平等的社会关系，尽管这两种不平等之间并没有直接的历史联系。显然，社会不平等，或者说，人的不平等，是建筑在特定社会基础上的。在私有制社会框架内，对权力、财富、声誉等等占有程度成为衡量一个人的社会地位的实际尺度。对这一切的追逐成为社会的共识和主流价值观。

尽管道德说教鄙视那种不择手段、唯利是图、沽名钓誉的丑恶行径，但是，“人为财死，鸟为食亡”的生存原则，在生活实践中却一直收获着巨大回报和实际利益。

康德说，一个按照道德原则生存的人，在实际生活中可能是不幸的；而一个围绕自我利益生存的人，却可能更容易获得自己所认同的“幸福”。在生活实践中，道德和幸福没有真实的因果关系。既然如此，人们有什么理由放弃现实利益和幸福而顽固不化死守空洞的道德教条呢？康德为此而假定了上帝的存在，道德和幸福的一致只有在上帝那里得到了最终的统一！

是的，在现实利益和物质享受面前，有时，道德甚至是法律等显得多么的脆弱和滑稽。曾经，我们用“男盗女娼”来形容剥削阶级社会的人际关系，从骨子里说，并没有丝毫的过分。

名利，成为不平等社会众多成员的一面精神旗帜。如果说，在自然经济条件下，“德高望重”的名誉还基本上只是停留于“名声”意义上的话，那么，在商品经济充分繁荣的市场经济里，“名誉”却发生了本质的异变。这时候，名誉不仅具有原来的精神意义，而且具有了原本没有的物质利益。

原来，所谓的“沽名钓誉”还是单向的精神投资，而现在，却成了现实的具有巨额利益回报的物质投资。原来说，“名利双收”；今天可以说，名利兼收，名和利互为因果，互为表里！

演出市场上，观众们不得不被动地接受来自诸多媒体推出的各类“明星”。他们被精心“包装”（注意：“包装”一词，在汉语里，几千年来一直用于对被动的“物”）、隆重推出。在这热闹的场景背后，是赤裸裸的金钱炒作。马克思曾经把资本的流动归结为下列公式：资本——商品——增殖了的货币；而上述明星的“制造”也可以列出类似的公式：资本——名誉——增殖了的货币。像其他的商品一样，“明星”同样是一种商品，是资本流动并获得利润的一个必要环节。

当身着艳装款款而来的明星登上舞台时，投资人心里不免暗暗叫好：多么成功的包装阿，大大超过了中秋节的月饼！

需要辩白的是，这里丝毫没有指责任何的合法商业行为的意思。

当年，马克思曾经激烈地抨击资本主义制度，甚至说，资本，从头到脚，每一个毛孔都滴着血和肮脏的东西！其实，就在距离这种激烈的批判不远的地方，马克思还“表扬”过资本主义呢！他说，资本主义近一百年来所创造的物质财富等于此前人类所创造的总和，甚至还要多！这褒贬之间，究竟蕴涵着什么真意？

马克思认为，资本主义制度对人的极度损害所带来的罪恶，远不是它所取得的物质财富所能补偿的。在马克思的视野里，全面发展和自由解放的人才是社会发展的真正目的。而资本主义制度的罪恶正因为它与这一目的南辕北辙、背道而驰。

费尔巴哈曾因为断言“善良意志”是人类社会进步的力量，而遭到了恩格斯的激烈批评。恩格斯进而说，与其说社会进步的动力是“善良意志”，那还远不如黑格尔说“恶”是推动社会进步的力量来得深刻！利己的、对名利的执著追逐，点燃了人们的欲望之火，也激发了他们空前的创造能力。资本主义制度几乎将这一情形发挥到了极致。表面上看，这是一幅多么优美的劳动竞赛的感人画面啊！可是，就在这画面的背后，马克思等人却洞察到人性的扭曲变形和单面化。因为在这里，劳动及其成果决不是审美的对象，不是凝聚劳动者本质力量的成功作品，不是劳动者自我解放的手段或阶梯，相反，它越来越成为一种强大的异己力量左右着人的生活，控制人们的视线。因为，在物质利益的驱使下，劳动不再是人的自由自觉的生命活动和本质需要，而是被迫用于出卖的廉价商品。在这条由利益构成的链条上，每一个人，无论是资本家还是工人，都不过是流水线上的一个被动而机械的环节。真正让这条链条运转起来的动力，并不是人，而恰好是“物”！

名利的诱惑，迫使人不由自主地置身于不得停止的循环摆动中——在欲望的驱使和追求欲望的满足之间！这是一条铺满炽热煤渣的循环跑道，炽热燎人的力量让你不断地向前奔跑，预期的终点永远在“前面”，而前方却永远没有真正的终点！

每个社会，不同的时代，都拥有一定的价值观念和价值评价，名人与非名人，由于不同的评价而得以“群分”或“归类”。一道无形的屏障悄然而强制地将名人与非名人分隔开来，当然，凡事都不是绝对的，也不能排除两者之间游弋着一些不名不非，来回徘徊，真假难辨的名人或非名人。不过大致上说来，界线还是鲜明的。

名人必须十分爱护自己来之不易的名声，必须巧妙、周到、细致和准确地应对使他出名的各种环境和舆论；

名人必须保持自己在公众面前的神秘感和美感，在神秘和公开之间保持必要而十分微妙的张力；

名人当然更要掌握恰当的火候，在名誉和利益之间进行成功而又不致伤害名誉的交换；

名人还应当表现出他对名利的真诚淡漠和对崇高事业的真诚追求，甚至是献身精神，做一个非名人的名人；

对交换来的金钱财富，名人应当懂得进行成功的“分配”，以相对少的成本谋求相对大的名誉或利益，做一个懂得奉献的索取者；

当然，名人还应当学会审时度势，与时俱进，及时迅速瞄准成功的前沿，以便再接再厉，始终有名，不致被开除出名人的队伍，自绝于名人；

……

特别提示：上述要求，对非名人而言，可不必参照执行。

依稀之间，似乎懂得费尔巴哈为什么说，住在皇宫里的贵族们，未必比沿街乞讨的乞丐的幸福多一些！

19. 说“我爱你”之前，先问问自己是不是因为性的冲动

人类最初之所以将自己赤裸的身体包裹起来，特别是在男女有别的部位，并不是实用主义者所说的因为御寒，而是对爱的目光的更为有力的牵引，是个别性和未知性的彰显，是为唤起美感而进行的成功而精致的设计。

精神世界的美，来自它超越了感性美的时效性，就像一幅杰出的艺术作品，可以将瞬间的美凝结为永恒；真正的爱情，也因为超越了容颜、财富、青春、名利等感性的暂时性，而借助精神的共鸣和生命意义的认同，不断获得新生。

因为真，才有爱；因为爱，才有善；因为善和爱，生命才是美的！

爱与被爱，是人类最神奇和最崇高的生命力量。为此，它成为生命的动力和生命有意义的缘由。离开了它，任何个人，都无法在敌视、冷漠和疏离中获得任何有价值的生存。

爱，是荒漠甘泉；

爱，是黑夜里的明灯；

爱，是茫茫海洋中航行的方向；

爱，是一切生命所以能心甘情愿地付出的唯一理由。

在人类的所有的爱中，有一种爱，它不是由于血缘，不是由于地缘，不是由于亲缘，甚至不是由于友情。然而，它的力量却超越了所有的爱，也左右着所有的爱，它，甚至像战场上至高无上的将军，可以决定人们的生存或者死亡，这，就是爱情。

据说，古代希腊人相信，人原本的样子是圆柱形的，由于行动不便，被造物主劈成了两半，成了现在的模样。然而，出乎造物主的意料的是，由于天然的关系，人的一生里，这一半，会终其生命去寻找另一半……这就是爱情的来历。

柏拉图相信，人类的情感，是导致罪恶的私有制度的祸首之一，而私有制度正是人类不幸、社会动荡的根子。为此，不仅要取消私有财产制度，而且更应当铲除这一制度赖以生存的土壤：家庭的私有！国家，也必须是国家，为人们决定一切，包括青年男女之间的“婚姻”配对。国家将按照每个人的综合素质，考核评分，确定等级，适龄时，分配相应等级的异性与之结合，生儿育女。等级高的可以多生，等级低的少生，甚至不得生育。孩子并不属于生育他们的那对“夫妻”，完全属于国家，生下来后及时移交，由国家统一抚养教育，与他们的爹娘没有关系。

柏拉图相信，这样一来，由于没有私人财产，甚至没有私人的情感，天下从此太平。他本人将由于结束了人类社会的纷争而成为太平盛世的真正奠基人。

柏拉图们死了！那些不听话的男男女女们却活着！

爱情，回肠荡气、忠贞不渝的爱情，成为历代文人墨客喋喋不休唾沫横飞的永恒主题。

在中国，诸如牛郎织女的神话，梁山伯祝英台的传说，这些连三岁的孩子都可以听出破绽的种种“故事”，被抹着眼泪一遍又一遍，一代又一代地传唱至今，并且，成为各种艺术形式争相表现的重大题材。

在一个封建禁闭、男女授受不亲的文化中，上述“故事”的宝贵和魅力是完全可以理解的。有意思的是，对爱的渴望几乎是与文化的压抑程度成正比例关系而相互攀升的。与主流文化相映成趣的是，男女偷情、嫖妓通奸、性生活夸大其词的“自然”描写，成为人们精神生活的难得的有益补充。爱，成了性的别名词；性，被注解为爱。

性的欲望及其满足，是造物主精心而成功的设计，它以肉体的舒展畅快为诱饵，让你支付巨大的能量和体力。自然中，一些生命，将成年个体的死亡定格在最后甚至是唯一的那次性生活，如此严酷而残忍的结局，恰好是造物主上述成功设计思想的逻辑延伸。

然而，这一切，为的是一个十分单纯的目的：生命的延续；同时因为性关系的选择性和竞争性，更为强大的生命由此获得了先天保证。

动物有雄雌之分，人有男女之别。性的区别来自生命本身的两个基本需要：营养和安全。男性的魅力来自其所具有自然的或社会的力量，它是新生命的安全依托；女性的魅力来自其细致而温存的周到体贴，它是新生命的物质和精神的养分。雄性之所以阳刚，雌性之所以阴柔，完全是服从于这一基本目的的。当然，与动物相比，男男女女们所展示的魅力，先天的因素所占的比例似乎越来越小，相应的是，后天的和精神的因素越来越多，这也从一个侧面证明，人的生存质量，越来越依赖于他们的精神和智力因素。

情感，是文明社会具有崇高价值的谎言之一。情感的真实身份，其实是脆弱生命个体共同需要的安全感和归属感。“同情”之说，显露了这一需要是人们共同的。正像小朋友之所以要相互拉着手上学放学，是出于弱小生命共同的安全渴望。文明社会在创造巨大的物质财富的同时，也制造了空前的抑郁、强迫、孤独等等精神疾病。与嶙峋的高楼大厦和炽热的水泥大道相比，与热闹的超市和放纵的欲望相比，纯净的爱显得多么的脆弱和珍贵啊！汉语里，“人”字极为形象地展示了人与人相互依靠、相互支撑的重要。对人而言，一旦失去了这一支撑，他将失去一切力量和所有的勇气。

正是由于爱情在所有美好情感中的特殊地位，它必然成为人们向往、追寻、眷恋和享受的对象。然而，也正由于这一义无反顾的精神倾向过于强烈，对爱情的误会和误解也就在所难免。

这是一个情窦初开的季节。

造物主将人一生中最美好的东西过于奢侈地堆放在一起，集中在这个十分短暂的时刻，包括强健的体魄、美丽的容颜、旺盛的精力和无限的创造力。这是一个精神断奶的季节，不知不觉中，悄然离开了母亲温暖的怀抱，去找寻一种全新的，然而也同样温暖，甚至炽热如火的情感依托。一个眼神，一个转身的动作，一个没有言语的羞涩的面容，一个频率低到只有声呐才能扫描到的声音，都可能点燃情感的烈火。如醉如痴，物我两忘，时空消失，大地融化，能进入视野的一切，都披上了绚丽而多情的色彩！

“妈，我们恋爱了！”声音抖动着，像轻轻飞来的蜜蜂的翅膀；荡漾在青春的脸上是无法掩饰的未有的喜悦，像早上光芒万丈的绚丽朝霞。

正像自然的一切事物，激烈发生的总是短暂的；而能量的积蓄却需要漫漫的征途。恋爱的规律也不例外。与婚姻无关的“初恋”记忆，之所以美好，大多是因为记忆依照美好的准则而进行的精神再造。十分可能的是，发生于生命开始的那场情感游戏，其实是一段荒谬而痛苦的精神纠葛。正像蝌蚪从来没有见过自己的妈妈，结果错把鱼儿当成了亲娘！对青年来说，恋爱，具有强烈的季节性；这个季节的标志是，性的躁动和渴望。由于这一基础的存在，对于遇到的第一个适意的异性，人们通常能以非凡的艺术创造能力和空前的编织想象的能力，将对方美化为无懈可击的艺术作品。当然，毕竟是虚构的作品；这一作品存在时间的长短，完全取决于创造者单方面的觉醒时间。

中国传统文化，禁止婚前性行为，似乎有某种心理学或生理学的依据。因为，大量生活实践表明，性的饥渴，是虚构艺术品存在的底线；而性的满足，将是这一艺术品生存的终点。热情拥抱亲吻的双方喃喃细语，“我爱你！”烈火一过，回头再看看那仨字，改成“我要你”可能更为合适！

说句题外话。新的《刑法》规定了“流氓罪”，不是无的放矢，实是事出有因。

生活中，类似于阿Q那样赤裸裸向吴妈提出上床“睏觉”的人，可能不多了；可是，为了同样的目的，而迂回曲折，欲擒故纵，精心策划的，可能多了。阿Q的不幸，是因为他长相平俗，家境贫寒，没有任何社会地位；假如阿Q他升了处长市长什么的，或者位列“富不死”排行榜多少多少位时，情况又会怎样呢？

将爱情混淆为性，将“我要你”说成“我爱你”，其动机的善恶是道德家们的事；这里所要分辨的是，平凡的人将在多大程度上，真正拥有爱情。

人们通常把爱情与青春联系在一起，一半的原因是因为上述的性的渴望，另一半是因为婚姻大多完成于这一季节。

一夫一妻的婚姻制度是私有制的产物，同时，又是私有制赖以继续存在的原因。从婚姻的这一实质来看，爱情和婚姻没有直接必然的逻辑联系。换句话说，婚姻和家庭存在的理由，首先是对性行为进行规范；其次，为私有财产制度提供基础；再者，分摊社会责任；最后，实现种的延续。

如果说，婚姻与爱情存在某种联系的话，那是因为，男女双方情感的共鸣，为婚姻的顺利缔结提供了某种便利的条件，可以更为有力地承担上述家庭责任。然而，随着传统家庭的责任逐步从家庭中剥离出去，家庭也逐步地失去原来意义上的紧密性和权威性。这一方面为家庭成员之间构建和谐关系提供了机会，另一方面也使家庭的稳定性大打折扣。从前景来看，家庭正在丧失其社会细胞的意义，取而代之的是，独立的个人开始充任这一角色。

婚外情，一直是传统社会和传统家庭的腐蚀剂，直接危及社会的稳定，但它又的确是严格的私有制度必然的叛逆结果。它与婚姻制度如影随形，上演了一曲并不和谐的双簧。然而，对它的指责和声讨并不能有效地阻止这一事实的存在甚至蔓延。它的存在，映衬出婚姻制度的先天缺憾，也映衬出社会机制对于个人而言，在规范和宽容之间，经常缺少必要的张力。归根结底，性，依然是这一畸形情感的根子，于真正的爱没有直接的联系。

在爱情的本质方面，柏拉图的确比我们想得多，而且看得远。

“真正的爱情，是一种伟大的力量，它能将肉欲赶得远远的！”

就像他的哲学智慧将感性和理性分别划归“两个世界”一样，他将人解释为灵与肉的对立。感性肉体的快乐永远是天上的浮云，是暂时的，转瞬即逝的，建立在这一基础上的“情感”只能是有意或无意的谎言；而灵魂的愉悦才是自由的，永恒的，灵魂和理智的沟通整合才具有善和美的意味。人啊，在你那里，究竟是肉体主宰着灵魂，还是灵魂指挥着肉体？人与动物因此而分道扬镳。

两千多年后，叔本华以他那特有的流畅语言说，爱情，在多数人那里，仅仅是类似于动物发情期的异常反应；真的爱情，是天才的专属情感，因为，它只能来自超越生存意志束缚的自由而专注的精神力量。

从理论上说，叔本华与柏拉图之间存在着太大的距离，可是，面对爱情，却异乎寻常地具有同样的偏执。他们都试图证明爱情与性欲不仅无关，而且刚好你死我活般地对立。爱情，被概念化为一种纯粹的理智活动。这样一来，爱情不仅没有得到预料之中的抬高，反倒成为扭曲人性的理性主义的殉葬品。

爱情，毕竟是发生在男女之间的，性别的差别是这一感情的特殊基础。进一步说，正如人与动物之间存在着无可否认的天然联系，人类爱情的发生，也就必然与动物的生存竞争和种的繁衍之间存在某种自然的联系。然而，为了日益夸大和膨胀的“人性”，为了在人与所有的其他的生命之间制造鸿沟，人的理性活动的价值，长期以来被主流文化无限拔高，结果是，人们对自己制造并传播的神话的依恋，远远大于他们对真实历史的理解。在这种厚此薄彼的文明中，那曾致人生死眷恋的爱情，被异化为非感受性的纯粹精神活动。

美及其对美的审视，应当是一种相对纯粹的感性体验。这也是“美学”一词在西方语言中与“感性”一词同源的理由。不同主体的审美之间，之所以存在差异甚至对立，正是由于感性活动具有鲜明的个别性。男女之间的爱恋，首先立足的是双方感性的审美活动。女人对服饰和外在感性愉悦的永不知足的要求，正是基于这样的本能活动，正像男性通常对自己力量和成就会情不自禁地进行言过其实的夸张和强调一样，尽管不合理，却十分合情！“爱漂亮”，是个笼统的说法，因为所有的“漂亮”，都是具有强烈审视感的“对象性”活动，关在一个屋子里独自一人，无所谓漂亮不漂亮；爱漂亮是期待被爱的另一种说法。

羞涩，是女人表达爱意的不由自主的生理反应，当然，只是当她在她爱着的人面前。不信的话，可以做个实验，让一个十分害羞的女性，单独与一头公牛待在一起，看看她是否有羞涩感。在汉语里，“羞”字十分耐人寻味，从结构上，它是“美”与“丑”的完美结合；从意义上说，却是对美感的欲盖弥彰、迂回曲折而十分到位的表达。此前，人类学家曾经得出结论，人类最初之所以将自己赤裸的身体包裹起来，特别是在男女有别的部位，并不是实用主义者所说的因为御寒，而是对爱的目光的更为有力的牵引，是个别性和未知性的彰显，是为唤起美感而进行的成功而精致的设计。于是，所谓的“服装”，最初的含义仅仅是“装饰”。

但是，正像一切感性的美好都难以抵挡风雨和日月的侵蚀，感性的力量是有限的。时间，可以将一切打回原形。再美的容颜也将变得不堪入目。弥补感性缺憾的最杰出的手段，莫过于人的自由精神力量。在主体和客体之间，在人与自然之间，在真假、善恶、美丑之间，在男人和女人之间，精神，既可以制造某种意义上的对立，也可以以同样的力量销蚀并溶化所有的对立。恋爱中人们的视野里，一切之所以是美的，正是由于这种精神的力量。“人，不是因为美丽而可爱，而是因为可爱才美丽”，“情人眼中出西施”，不同的语言传递着同样的意思，让我们学会跳出流变的感性世界的局限，寻找并沉浸于不朽精神的永恒意义。

到了这层意思，爱情距离性欲自然越来越远了。

正如进化论说，人类的祖先是古猿，爱欲也可能源于“发情季节”的性渴望，但是，人类毕竟不再是猿了，人类的爱情，也自然摆脱了单纯感性自然欲望的束缚。精神世界的美，来自它超越了感性美的时效性，就像一幅杰出的艺术作品，可以将瞬间的美凝结为永恒；真正的爱情，也因为超越了容颜、财富、青春、名利等感性的暂时性，而借助精神的共鸣和生命意义的认同，不断获得新生。

爱情是两性之间最令人痴迷的情感，因为它体现了人性中最美好的东西，忠诚、信任、专一、奉献、利他、忘我……这与建立在性欲基础上的自私情感背道而驰，因为，私情仅仅是索取、猜疑、嫉妒、自私、贪婪、诽谤等等的代名词。对人生来说，爱情可以使人获得力量、勇气、智慧、价值和空前的创造能力，而私情不仅毁坏它们，甚至可以摧毁人的一切。

因为真，才有爱；因为爱，才有善；因为善和爱，生命才是美的！

幸福的爱情源于精神的愉悦；永恒的爱情源于精神的新生。

20. 心灵给生活什么色彩，生活就成为什么色彩

真正幸福的人，不是害怕痛苦，也不是逃避或拒绝痛苦；相反，他对痛苦的感受远远强烈于其他的人。正是由于这一点，他学会了珍惜，学会了感恩，学会了知足，学会了放弃。

不幸的人心中的痛苦事情，可以成为幸福人心中的幸福的事情！

痛苦的人之所以痛苦，因为他总觉得自己缺少幸福；幸福的人只所以幸福，是因为他老是提醒自己，这不算是痛苦。

据说，生活中人可以分作两类：一类人先把好吃的吃完，难吃的留在后面；另一类是把难吃的先吃完，好吃的留在后面。前一种人是享乐主义者，后一种人是完美主义者。

人的一生充满偶然性，很难按照科学方法，被肢解为两个截然不同的阶段，因此很难说哪一类的人幸福要多一些。及时行乐也好，苦尽甘来也好，实际上都建立在同样的思维前提上：应当将幸福和痛苦区别开来。

如果说，在理论中，幸福和痛苦是有严格界线和区别的话，那么，回到真实的生活，这一界限和区别就显得模糊不清了。

曾经繁荣的古代希腊，到了晚期，波斯人、马其顿人、罗马

人，先后频繁入侵，生活在这不幸时代的爱国者伊壁鸠鲁，只有把幸福的标准一再降低，称，幸福就是肉体的无痛苦和灵魂的无纷扰。可是，尽管要求不高，在生活中，什么才算是肉体的无痛苦和灵魂的无纷扰呢？

许多身体健康的人，尽管肉体“无痛苦”，心里却痛苦着呢！照着镜子，嫌自己的单眼皮难看；对着皮尺，觉着自己矮了；站在磅上，嫌自己胖了；到了年纪，嫌头发白了……

灵魂的无纷扰，看似容易，事实上却更可能让人可望而不可即了！

没有钱时，想钱的心思折磨人；有了钱，怕偷拍抢的心思折磨人。

没有名时，出名的心思折磨人；出了名，端起身子过日子又嫌累。

没有朋友，寂寞的处境折磨人；朋友多了，又觉着惹事太多，麻烦一身。

没长大时，盼着长大；真长大了，又害怕光阴走得太快。

没有学历，中榜的心思急死人；大学毕业了，理想的出路急死人。

没有工作，想上班的心思真急人；坐进了办公室，下班的铃声老不响，真急人。

坐在家里，想着旅游真诱人；旅游途中，又连声感叹，在家千日好，出门一时难。

……

灵魂，似乎生来就是痛苦。一个人，简单麻木地活着，似乎没有痛苦可言；思想一旦复杂起来，想念太多，痛苦也就多了。

表面上看，的确如此。可这并不是事情的实质。因为，幸福与痛苦是一对连体的婴儿，两者并不能离开对方而独立存在。麻木的无痛苦，同样是幸福的缺失；智慧的痛苦，却为幸福提供了必要的精神前提。

多数情形下，烦恼和痛苦源于精神的悲观预期。

生活处处是十字路口，自由选择时，面对的是未知的恐惧和预想的责任。就像航行在大海上，突然来了难以抵抗的风浪，想着生死未卜的未来，心里已经提前翻江倒海，痛苦不堪；“胜似闲庭信步”的，多数只是幸存者的事后艺术夸张。“自寻烦恼”的说法，虽然夸张，细细品味，会由衷地觉着实事求是。

对于预想的结果，经常有两种情形，一是没有足够依据的担忧。现代社会普遍流行的焦虑症就是渊源于此。单位裁员，担心失业；得来的财富，担心失去；地位不高，担心人家看不起；住在楼上，担心地震……人们常说，“人无远虑，必有近忧”，似乎在理。如果说，这里的意思只局限于告诫人们生活工作应有必要的计划性的话，无疑是对的；然而，如果超出了这一限制，以致经常沉浸于不着边际的“远虑”里的话，可能平添了许多的痛苦。杞人忧天，应当算是一种典型的“远虑”，之所以被人讥笑，就是因为令杞人苦恼的事，短时间没有发生的可能。电视新闻里，经常有某地发生地震并有伤亡的报道，如果你因此而“远虑”，并拒绝继续住在楼里的话，那么，极有可能被讥笑为新时代的“杞人”。

这类不是由于现实，而是由于“预计”，不是由于感受，而是由于想象的“痛苦”，在生活的苦难中，究竟占多大的比例，的确不好计算；不过，当我们认真地将引起自己不痛快的原因反思一下，估计上述理由占有不小的份额。及时行乐的思想，之所以绵延不绝，广有市场，正是对这一痛苦理由的直接叛逆。

另一种可能是，我们的精神世界，经常给我们制造了许多诱人的前景和目标，包括过多的财富，过高的荣誉，过分的顺利，过早的收获。对它们的真切渴望，立刻转化为现实的苦恼。信念和理想，固然是人生的精神支撑，而过于理想的期待，却必然带来现实的精神折磨。

生活中，一个幸福的诱惑，常常需要人们支付一百个甚至更多的痛苦。这种得不偿失的傻事，之所以有人前赴后继去做，原因十分简单，当事人完全为欲望所控制。

有个老地主，牺牲了无数的快乐甚至健康，为的是赚钱买地，终于他买了不少的田地。预计到自己的死期将至，吩咐人将自己的墓穴挖好，拖着重病的身体，决定亲自去看看自己的“新家”。看着自己的墓穴，占地也就几个平方米，心里豁然开通：原来，我并不需要那么些土地，几平方米就够了！

据说，有专门的心理学家研究人类的欲望和需要，成果还颇为丰厚，将人类的需要从“低级”到“高级”楼梯似的分出了好几个等级。其实，有一个更为基本或更为重要的问题往往被专家们忽视了，这就是人们需要或欲望的产生规律和满足原则。如果我们认真地观察和思考生活，可以不难发现，欲望的大小不是与满足的程度成反比的，刚好相反，而成正比。换句话说，每一次的欲望满足不是消灭了一个欲望，而是滋生了更多更大的新的欲望。满足是欲望的要求，又是滋生欲望的温床，是新的欲望诞生的最好激励机制。

这是一个类似与滚雪球的过程，又是驴拉磨似的周而复始的兜圈子的过程，还可以理解为随着发令枪的响起，开始了一场没有终点的跑步比赛的过程。

绚丽多彩的希望和理想引诱着鲜活的生命不由自主地付出，在希望的漫漫征途上，不得不拖着与日俱增的疲惫和重负，接受欲望的煎熬，接受现实和理想之间因为巨大落差而造成的精神折磨。因为，人们对“幸福”的渴望，经常表现为过多的贪恋，什么都不肯放弃，凡是能抓到手的，绝对攥着不肯松手。

正如有一个人，外出旅行，偶然，他遇见了一位多年未见的老友，老友送给了他一只鸡，他愉快地接收了，拎着鸡上路了。不久，又遇见了老同学，受到同学的盛情款待。临行时，老同学送给他一只羊，他依然愉快地收下了，赶着羊，拎着鸡，又上路了。过了几天，他意外地遇见了自家的亲戚，亲戚更为热情，留他住宿，酣畅痛饮，第二天上路，亲戚又送了一头肥猪给他，他痛快地收下了，拽着猪，赶着羊，拎着鸡，又上路了。一天，他看见了一匹没人看管的骆驼，顿起歹念，顺手将骆驼牵走。每一次的收获，都令他兴奋和幸福。于是，他一手牵着骆驼，一手拽着肥猪，赶着羊，腰间还别着一只鸡，开始了艰难的旅程。行走的速度明显变慢，体力也严重透支，每天还必须花费大量的时间精力来喂养它们。当然任何一样东西，他都不想落下，因为，他要统统把他们带回家。然而，面对遥远的回家之路，他明显地力不从心了，他终于病倒在途中。他想，能否将鸡杀了，炖口汤，补补身子，再赶路，可是，他已经连杀鸡的力气都没有了。几天后，人们看到路边躺着一具尸体，旁边的树上拴着骆驼、猪和羊，由于多日的饥渴，它们也已经奄奄一息……

每个人都有追求幸福的念想，这也是人生的基本权利，这是毫无疑义的。可是，如果有机会，让大家心平气和地坐下来讨论，究竟什么是幸福，什么又是痛苦，划分幸福和痛苦的标准是什么的话，问题就出来了。就像没有重复的地平线一样，人们心中的幸福标准也是大相径庭的。每个人，都在画地为牢，默默地依照自己的感性生活的“实际”需要，来评价幸福和痛苦。尽管，人们经常说道，以苦为乐，可是实践起来，多数时候还是本能地遵循低级形态的享乐主义原则的。

在追求幸福的时候，人们通常无视一个基本前提：幸福或痛苦原本与客观世界并没有直接联系，而仅仅是人的主观心理体验的结果。财富的多少与心理的幸福体验没有真实的比例关系。金钱可以兑换物质的商品，却无法兑换为健全而充满幸福感的心灵。

住在简陋农舍的人，也可以是幸福的；住在明亮高楼的人，也可以是痛苦的。

蹬着自行车上路的人，可以是幸福的；开着宝马兜风的人，也可以是痛苦的。

老婆不漂亮的人，可以是幸福的；太太赛天仙的人，也可以是痛苦的。

默默无闻的人，可以是幸福的；整天暴露在聚光灯下的人，也可以是痛苦的。

……

过去，流传着这样一句话，“家有三件宝：丑妻、瘦牛、破棉袄”，说得有些过分，有些无奈，可是，听者如果细心品味，不拘泥于字面，其中的深意还是值得思考和借鉴的。

生活中，如果有人真的搂着上述“三件宝”不肯松手，并且宁愿牺牲“靓妹、肥牛、好服装”，看客们可能为之愚笨而笑掉大牙。是的，生活中的聪慧和愚笨之间的确没有明确的界限。一个人，如果有机会实现自己的多年梦想，不能不说是一种成功；但是，如果因为这一暂时的“成功”而不幸葬送了更多有价值的东西，相比之下，可能还不如放弃这一梦想。

当然，生活的价值，特别是各种不同类型的“价值”并没有一致的客观标准。因此，幸福的原则，完全是人的自我评价。

现实生活中，真正赞美自己生活幸福的人永远是少数，因为，多数人对幸福的理解是近视而狭隘的。人的真正幸福，诞生于精神的必要修炼。正如亚里士多德所说，真正的幸福应当起源于理性的沉思。深刻的精神改造和自我觉醒是收获持久幸福的前提。

真正幸福的人，不是害怕痛苦，也不是逃避或拒绝痛苦；相反，他对痛苦的感受远远强烈于其他的人。正是由于这一点，他学会了珍惜，学会了感恩，学会了知足，学会了放弃。不幸的人总在说，我真想如何如何；幸福的人却说，真的，我真的不需要这些。不幸的人的眼神总是那样的贪恋而闪烁不定；幸福的人的眼神总是这样的慈祥和清澈。不幸的人总表示出好奇和惊讶；幸福的人却是这样专注而沉静。不幸的人总是张弛无度、手脚忙乱，多余的动作很多；幸福的人总是这样的从容不迫，驾轻就熟，君子不乱步。

享受幸福的要领是，学会反思，学会说服自己：我只要平静而向上的精神世界；妨碍这一基本原则的，我都可以放弃！于是，不幸的人心中的痛苦事情，可以成为幸福人心中的幸福的事情！

原来，较之不幸的人来说，幸福的人幸运地掌握了一种简单的生活智慧：生活本身好比是一杯无色透明的液体，无所谓痛苦与幸福；而感受生活的心灵却像带着某种色彩的染料，心灵给生活以什么色彩，生活就成为什么色彩。

幸福与痛苦的区别，最终源于我们心理微妙而细小的变化。

21. 生活的美来自于简单

生活的美，就是放下重压我们的精神包袱，以幸存者的轻松自由的心灵，以感恩的目光，春风抚摸杨柳般地感受今天的生活；春天来了，每一次的温暖，都让我们脱去一件多余的冬装，终于明白了，轻松、自由、美好，在于我们不断学会放弃，放弃一切多余的形式或内容，放弃一切让灵魂紧张抽搐的梦想或目的。

尽管没有实质的沟通，在漫长的历史中，东西方人却不约而同地将真、善、美定位为人类生活的最高价值目标，显然，这不是某种意外的巧合，而应当归结为人性的基本雷同或相通。

传说，中华民族的老祖宗，舜，除了是位杰出的军事统帅，还是最早的音乐家。一次偶然的机会，他征战或狩猎经过今天的湖南湘潭的韶山，被当地秀美的自然景色所彻底感动，为此，创作了韶乐，韶山因此而名。韶乐如何的好听，今天无法考证，但是，孔子估计是听过的。因为，他称赞说，《韶》，不仅尽美，而且尽善。

从声音里，“听”出了美，而不是单纯的声音，恐怕不能只是归功于耳朵，正如从画面中“看”出了美，不能只是归功于眼睛一样。为了生活，人们通过改造自然而收获物质财富；为了生活的意义，人们通过改变自己而塑造了自己的心灵。美的事物，外在地看，的确具有感性的意义；而深入地看，却是心灵真诚的呼唤。

“尽善尽美”，是中国传统文化矢志不渝的追求，同样是西方文化围绕的永恒轴心。有意思的是，在相当漫长的岁月里，中西方杰出的思想家们都习惯于将生活的最高理想称作“德”、“善”或“至善”，而不是后来的“美”，其中的原因其实不难理解。精神自由，心灵和谐，既是古人解释中的“善”的象征，也是今天人们所称道的“美”的灵魂。

马克思亲眼目睹了资本主义所创造的空前物质财富，同时又痛心疾首于这一社会制度对人的摧残。权衡利弊，马克思选择了向资本主义制度开火。他的一生，都在深情地期待一种新型的以人的最高利益为依归的社会形态出现。那是“完成了的自然主义和完成了的人道主义的统一”，在那里，人不是只会吃饭的动物，而将是具有审美能力的艺术家！人，不仅是劳动的产品，并将继续是它的产品，而且，劳动将成为人的第一需要，人能从自己的劳动成果中，观照到凝聚于其中的自己的本质力量，从而获得精神的愉悦和自由。

美是可以征服一切的力量。美，是引发人类创造力量的最终源泉。

人们通常将美误解为事物可有可无的外在形式。“好看不中用”，“金玉其外，败絮其中”，等等说法，尽管反映了某种生活的真实，但是，却引发了对真正的美的误解。真的美，是内容与形式的一致。一个品质败坏的人，即使拥有“好看”的外表，也不会获得由衷的赞美的。尽管，被称之为美的事物，通常是通过感性形式而传递自己的“美”，然而，美的实质却是人类的理性认同。再美的苍蝇，也是苍蝇。尽管它的感性形式同样具有对称、和谐、完整等等美的元素，然而，由于人类理性的甄别，苍蝇，自然无法成为人类的审美对象。

不仅如此，许多被称作美的事物，经常不是因为形式的完美而获得人们称颂的。比如说，松树，尤其是扎根于岩缝、生长得弯曲奇特的松树，是中国文化长期赞颂的对象之一。如果只是由于外在的形式，我们的确没有理由称赞松树的美；松树的美，大半的原因是由于“透视”它扭曲的身体，可以唤起人们对不折不挠顽强生命的理解。就像朝霞可以唤起人们的希望，落日让人们伤感一样，任何形式的美，都是人们对生命理解的感性表达。

离开了人，没有美；离开了生活，没有美；离开了自由的精神活动，没有美；离开了对生命的领悟，没有美。

人们登上了庐山、黄山，呼吸着鲜美的空气，阅览绿树云海，心中自然涌动着绵绵不绝的感动。人们由衷地说，庐山真美，黄山真美！于是，人们很容易将美与特定的对象联系在一起，以为，是“某些”对象，而不是因为自身才有了美。其实，庐山也好，黄山也好，原地不动摆在那里好多万年，对它们的赞美完全是来自为时不久的文明社会的声音。因为，你的确没有能力去想象，我们的老祖宗们会赤身裸体光着腚成群结队地游览庐山黄山，并一路高歌、连声赞美。

美，不是事物的客观属性，而是人的精神觉醒。

可能有人质疑，如果说审美活动是完全属人的主体活动，为什么经常是某个、某种或某类特定事物能唤起人们“共同”的美感，而另一些则不能？比如说，面对鲜艳的花朵，人们“都”会赞美的；而无辜的老鼠过街，却飞来横祸般地无缘无故地遭遇人人喊打。于是，人们似乎有理由得出结论说，客观事物本身具有的某种性质或形式，才是美的基础或美的来源。

在西方历史上，的确有许多的大学问家们曾经认真地研究过美的“形式”。毕达哥拉斯就是其中的杰出代表。毕氏断言，“美在和谐”。比如说，音乐的美，来源于长短、高低、快慢、轻重等等不同音调的和谐搭配。和谐，不是对称，不是整齐划一；和谐的核心要素是，事物不同部分之间存在着有规律有节奏的有机联系。又比如说，如果把房子都做成大小一样、高低相同的话，整齐是整齐了，但没有美感。相反，如果房子的式样、大小、高低、结构互有区别，各不相同，并且按照一定的布局有规律地排列开来，那么，看上去就赏心悦目多了。因此，美的形式在于，将不同的多样要素有机地统一起来。

感性的多样性，当然是美感产生的必要条件，但这距离把握美的实质还有很远的距离。实际上，从客观形式上分析什么是美，犹如用渔网去捞水。因为，形式本身并没有任何的情感意义，任何一种形式都可以是美的，也可以是丑的，这取决于事物的性质和审视者的心态。松树的扭曲变形的“形式”是美的，假如将这样的形式放在姑娘的脸蛋上，可能是丑的。庐山五老峰下悬崖绝壁的粗犷的直线是美的，如果这样的“形式”放在婀娜多姿的小溪上，可能也不算美。

德国哲学家康德的理论比较接近美的真相。他说，美，不是逻辑判断，也不是认知判断，因此，与“事实”（审美对象）本身并没有直接的因果关系。美，仅仅是情感判断。当人们觉得某一对象是美的时，这种美感的引起，不是因为对象本身的某些功能或属性，而是因为“对象”刚好迎合了人们内在的情感需要。康德说，美，是“无目的的合目的性”。也就是说，人们的审美活动，当然需要“对象”，但是，美感发生的前提条件是，人们对待“对象”没有任何目的性或功利要求，比如说，你在欣赏裸女时，应当没有丝毫的色心。同时，美感的产生需要主体的情感真正被激起或调动，换句话说，借助“对象”的某些感性特征，人们的内在“目的”得到满足。鲜花的美，与它本身的价值没有任何的关系。从认知的角度看，鲜花的全部价值在于它充当着植物的生殖器官。显然，这与人类的情感活动，尤其是审美没有任何的联系。鲜花之所以美，是因为透过它娇艳的色彩、独特的质感、变化的形态等等感性特征，可以唤起人们内心对生命的爱。

美，是心灵的向上和健康的情感。即使是在众口称美的对象面前，如果你怀揣忧伤和颓败的心情，你依然还是熟视无睹的。正因为此，罗丹的那句大白话才如此的广有市场，万人传诵：生活中，我们并不缺少美，缺少的只是发现。

现代生活，人们行色匆匆、里外忙碌，高度组织起来的社会生活和网络发达的媒体信息，使人们精神自主的空间越来越少，处处事事都不得不面对着来自四面八方的压力。与历史发展的预期相比，丰富的物质财富在不断解决人与自然的矛盾同时，也成比例地增加了人们的心理负荷。整齐的花坛、绿色的草滩、设施完整的街头健身器械、环境优美的度假村等的“建设”，不仅不能掩饰人们紧张烦躁的基本精神状态，而且更加激发人们对恬静诗意清新自然生活的无限追忆和深情渴望。

在金钱离人们越来越近的时候，人们却惊讶地发现，美的生活却离自己越来越远。苏联领导人早在二十世纪六十年代就宣布，苏联已经踏上了共产主义社会的门槛，再一迈腿，便进去了。他们将美好的生活和共产主义定位在一个基本的食谱标准上：土豆烧牛肉。据说，当年，苏联老百姓基本靠啃黑面包度日，而黑面包的硬度是所有食物无可比拟的，需要锯开。老百姓的厨房里，家家都得准备有锯。面对现实，土豆烧牛肉已经不算是低标准了，这道菜的诱惑力究竟有多大，可想而知。可是，当土豆烧牛肉已经成为令人生厌的家常便饭时，人们却发现，食谱如何，钱多钱少，与美的生活没有任何的直接关联。

较之任何一个历史时期，现代人对生活的美，怀有更为强烈的热忱和执著的追求。因为，在追寻美的精神历程里，与前人相比，现代人多了一次失败，多了一层重压。二十世纪科学技术的空前发展，给现代人带来了巨大的物质财富，也带来了环境的恶化和人性的异己化。两次空前的世界战争便是证明。本以为唾手可得的美好生活似乎迎面而来，却又失之交臂。

应当说，在如何理解和对待生活美的问题上，人们的视角出现了严重的偏差。因为，与我们对生活目标的定位相比，美的生活与我们简直是南辕北辙。

今天，男人们腰间挂满了东西，钥匙手机等等，就像美国街头巡逻的警察，无事有事还要背个包，女人也不例外，一样不能少不算，还要增加手纸唇膏化妆品等等零碎必备杂物。一旦出趟远门，那就更不用说，几乎类似于搬家。与拿着一根打狗棍就上路的梁山好汉们相比，着实太累了。

别看西装革履，头发梳理得光亮，紧张和恐惧却是现代人心理特征的基本写照。生意人怕钱不能到账；上班族害怕被炒鱿鱼；干部怕升官的机会给别人挤去了；学生怕上不了好大学；毕业了又怕找不到好工作；男人怕不会赚钱回家遭白眼；有了钱又怕人家盯上了从此天下不太平；女人既怕错嫁郎君而一辈子受穷受苦，又怕老公太有出息而另起炉灶再寻新欢……

自打懂事起，漫漫人生路便充满了未知、困惑和焦虑。社会主流价值信念更是推波助澜，犹如相对峙立的悬崖将河水牢牢地锁定在自己的脚下，胁迫人们不由自主地沿着这狭窄空间按照规定的方向顺势而下。正如马尔库塞所言，现代社会的突出特征是，科学技术日益成为一种有力地左右人们思想的意识形态。一语道破天机。的确，这一力量不仅以麻醉的手段销蚀人们的精神自由，而且让被“洗脑”后的人们视线被牢固地控制在现实利益的是非对峙中。换句话说，由于科学发展带来了人们亲身感受到的巨大变化，科学技术本身被神圣话，顺理成章地成了二十世纪至尊的神。这样一来，“科学”与“非科学”也顺理成章地成为评价是非、真假、善恶甚至美丑的标准。

在中世纪，一切都成了神学的婢女，二十世纪人类的精神生活几乎是由于同样的原因，也成了“科学”的婢女。可是，二十世纪的新人本主义思潮，几乎是出于反抗神学的同样原因，又一次地戳穿了科学至上的神话。科学本是迷信的对立面，然而，科学的悲剧，在于它自身却走向了迷信。无疑，在人类生活中，科学发挥着巨大而不可替代的作用，然而，当这一作用被无限夸大时，它必然走向自己的反面，并使人们迷失生活的方向。更不用说，在人们高唱科学技术是第一生产力的同时，千万不能忘记，它同样可以是第一破坏力。

从生活方式上看，“现代化”的生活表面上是快捷方便的，高度发展的交通通讯和生活生产工具，为人们提供了“方便”；然而，当人们的视线不只是停留在生活的表面时，才真正领会这一生活深层掩盖的“累”和“复杂”。透明的社会，每个人都生活在别人的视线中，人们被迫扭捏作态，虚张声势，耍尽百般武艺，欺世盗名，暗中则如履薄冰，四下观望，处处防守，伺机进攻。一己的天空自然狭小，然而，君子般的“坦荡”却失去了存在的空间，因为那无异于将自身赤裸放置在屠夫的肉案上。我们的智力是进化了，可我们的精神却疲惫不堪。

这是一个表面人人“平等”的社会，可在生活的竞赛中，人们的距离却越拉越远。人们无法安居现状。跑得快的在跑，跑得慢的也在跑，相互追逐，相互超越，不得停步。

生存的竞赛非常类似于赌博。赌博之所以使人成瘾，是由于结局的未知性和横财的诱惑性。赌博的结果有三种，赢了，平了，输了。尽管通过赌博，财富的总和并没有增加，只是在赌徒之间进行了一次重新的分配，可是，无论输家还是赢家，对未卜的前程都怀有无限的信心，有着同样的动力：赢家还想多赢，平家想变赢家，输家想扳本，甚至反败为胜。生活中，人们认为，一个回合，有输有赢；而长远去看，则输赢难料。“三十年河东，三十年河西”，对未知梦想的追求构成了生命的力量源泉。

可是，问题并不在于人们是否有梦想，问题在于对“未来”的热衷是否应该以牺牲“现实生活”为代价，换句话说，美好生活究竟应当属于今天，还是“未来”？代表过去、现在、未来的“时间”，是人类虚构的谎言。它的好处和害处都在于让我们有记忆和梦想。如果用“时间”来梳理我们的生活，那么，必须抓住一个基本前提：生活的真实是因为“今天”！除了因为“今天”的原因，“过去”或“未来”都失去了真实性。“过去”的真实是因为它是过去了的“今天”；“未来”的真实取决于是否被实现为“今天”。

放弃了今天的人等于放弃了一切。

感受生活的美，就是感受今天的美。

梦想不应当属于未来，因为那可能是幻想；梦想应当属于今天，那才是我们认真而美好地生活的精神力量。

抖开我们的生活，我们会发现，生活的不幸和痛苦，要么来自于过多的需求和精神的负担，包括抱怨、责怪、紧张和贪婪，要么来自对往事的深情追忆和对未来的痴情幻想。这一切，的确让我们不堪重负。

美，是人的自由精神的积极健康的情感体验；正如《国际歌》唱的，“从来就没有救世主……一切都靠我们自己”，自由的精神来自于自己解放自己；为人所累，为神所累，为物所累，曾经是，甚至仍然是人们精神自由的重重障碍；生活的美，就是放下重压我们的精神包袱，以幸存者的轻松自由的心灵，以感恩的目光，春风抚摸杨柳般地感受今天的生活；春天来了，每一次的温暖，都让我们脱去一件多余的冬装，终于明白了，轻松、自由、美好，在于我们不断学会放弃，放弃一切多余的形式或内容，放弃一切让灵魂紧张抽搐的梦想或目的。

生活之所以美，是因为简单。

后　记

本书的初衷来自于半年前的一次酒后冲动。

我居住的这座城市正名叫做九江，我又称它为“酒江”，对于许多外地人来说，熟悉这个地名的原因可能是因为庐山，或者因为“九八”抗洪，或者因为“11·26”地震，甚至是因为流行于网上的游戏“九江斗地主”，却不知道它与酒有什么瓜葛。然而，翻开历史一看，历代著名文人墨客，一登上九江（江州）码头，似乎便没有不醉酒的，李白、白居易、周敦颐、苏东坡、宋江（虽然他算不上古今文人，可也是因为“文字”问题才惹出了大事）。

尽管大师们已经仙逝，可遗风不逊当年。不知何时何因，我也与酒结下了不解之缘。往往酒后，奇思妙想，豁然开通，借用酒后开车司机的话说，“酒后开车，道路明显宽了许多”，同理同感！某次酒中，“名士”荟萃，推杯换盏，酒酣耳热，妙语连珠，身体虽然发软，精神却十分亢奋，回家后，方然想起明天要交差的任务，每一位“优秀教师”，都要写一份五百字左右的教师心得，顿时酒醒，提笔疾书……翌日一看，直言快语，真情实感，自己祝贺自己，算得上一个比较合格的教师心理总结！

在随后半年业余的支离破碎的时间里，那几百个字，便变成了这本书的目录。

本书的写作，得到了许多朋友、同事、同行和同学的多方面支持和鼓励，他们的关心是本书得以面世不可多得的精神动力。九江学院的陈绵水教授、熊才水教授、曾国俊教授、詹建志教授等除了精神鼓励外，还为本书的写作提供了物质条件方面的支持。我儿子沈澄同学，也多次催促我，“老爸，快快写，下学期我也要学哲学了，到时我也可以和同学一起读你的书。”这一鞭策，自然也是我写作的一种动力。

特别要提到的是，我中学时代的老同学汪中求先生，因为《细节决定成败》一书和事业的成功，他已经是中国的名人。在本书的构思、写作乃至出版等多重环节上，他持续给予了诸多的关心支持。

谢谢！祝好人一生平安！

如果还要说些什么的话，可能是一些发自内心的有些愧疚的话。因为本书在体裁上，目录级数太少，每一篇阅读起来显得过于冗长，在内容上，跳跃过大，一些地方缺少必要的过渡，这也可能在一定程度上妨碍读者阅读的顺畅。至于书中的观点或“思想”，多属一己的心理感悟，自然受人生观、世界观和精神境界的局限，真诚期待读者的批评指正。

沈明明

2007年7月11日于九江学院